U0591222

地理发现之旅

谢登华 编著　丛书主编 周丽霞

瀑布:漂洒人间的天河

汕头大学出版社

图书在版编目（CIP）数据

瀑布：漂洒人间的天河 / 谢登华编著. -- 汕头：
汕头大学出版社，2015.3（2020.1重印）
（学科学魅力大探索 / 周丽霞主编）
ISBN 978-7-5658-1725-0

Ⅰ．①瀑… Ⅱ．①谢… Ⅲ．①瀑布—世界—青少年读
物 Ⅳ．①P343.2-49

中国版本图书馆CIP数据核字（2015）第028233号

瀑布：漂洒人间的天河　　　　PUBU：PIAOSA RENJIAN DE TIANHE

编　　著：谢登华
丛书主编：周丽霞
责任编辑：宋倩倩
封面设计：大华文苑
责任技编：黄东生
出版发行：汕头大学出版社
　　　　　广东省汕头市大学路243号汕头大学校园内　邮政编码：515063
电　　话：0754-82904613
印　　刷：三河市燕春印务有限公司
开　　本：700mm×1000mm　1/16
印　　张：7
字　　数：50千字
版　　次：2015年3月第1版
印　　次：2020年1月第2次印刷
定　　价：29.80元
ISBN 978-7-5658-1725-0

前言

　　科学是人类进步的第一推动力，而科学知识的学习则是实现这一推动的必由之路。在新的时代，社会的进步、科技的发展、人们生活水平的不断提高，为我们青少年的科学素质培养提供了新的契机。抓住这个契机，大力推广科学知识，传播科学精神，提高青少年的科学水平，是我们全社会的重要课题。

　　科学教育与学习，能够让广大青少年树立这样一个牢固的信念：科学总是在寻求、发现和了解世界的新现象，研究和掌握新规律，它是创造性的，它又是在不懈地追求真理，需要我们不断地努力探索。在未知的及已知的领域重新发现，才能创造崭新的天地，才能不断推进人类文明向前发展，才能从必然王国走向自由王国。

　　但是，我们生存世界的奥秘，几乎是无穷无尽，从太空到地球，从宇宙到海洋，真是无奇不有，怪事迭起，奥妙无穷，神秘莫测，许许多多的难解之谜简直不可思议，使我们对自己的生命现象和生存环境捉摸不透。破解这些谜团，有助于我们人类社会向更高层次不断迈进。

其实，宇宙世界的丰富多彩与无限魅力就在于那许许多多的难解之谜，使我们不得不密切关注和发出疑问。我们总是不断去认识它、探索它。虽然今天科学技术的发展日新月异，达到了很高程度，但对于那些奥秘还是难以圆满解答。尽管经过许许多多科学先驱不断奋斗，一个个奥秘不断解开，并推进了科学技术大发展，但随之又发现了许多新的奥秘，又不得不向新的问题发起挑战。

　　宇宙世界是无限的，科学探索也是无限的，我们只有不断拓展更加广阔的生存空间，破解更多奥秘现象，才能使之造福于我们人类，人类社会才能不断获得发展。

　　为了普及科学知识，激励广大青少年认识和探索宇宙世界的无穷奥妙，根据最新研究成果，特别编辑了这套《学科学魅力大探索》，主要包括真相研究、破译密码、科学成果、科技历史、地理发现等内容，具有很强系统性、科学性、可读性和新奇性。

　　本套作品知识全面、内容精炼、图文并茂，形象生动，能够培养我们的科学兴趣和爱好，达到普及科学知识的目的，具有很强的可读性、启发性和知识性，是我们广大青少年读者了解科技、增长知识、开阔视野、提高素质、激发探索和启迪智慧的良好科普读物。

目　录

瀑布是怎样形成的............001

中国十大最秀美瀑布........009

世界最壮观的十大瀑布.....013

黄果树瀑布......................017

庐山瀑布群......................021

马岭河瀑布......................031

壶口瀑布 035

流沙瀑布 043

九寨沟瀑布 047

镜泊湖瀑布 053

银链坠瀑布 059

德天瀑布 061

尼亚加拉瀑布 065

维多利亚瀑布 071

伊瓜苏瀑布 079

优胜美地瀑布 085

塞特凯达斯瀑布 089

古斯佛瀑布 093

莱茵瀑布 097

黄石峡瀑布 103

圣安妮瀑布 105

瀑布是怎样形成的

什么是瀑布

瀑布，又称跌水，是指河流或溪水经过河床纵断面的显著陡坡或悬崖处时，成垂直或近乎垂直地倾泻下来形成的水体景观。在地质学上，是由断层或凹陷等地质构造运动和火山喷发等地表变化造成河流的突然中断，另外流水对岩石的侵蚀和溶蚀也可以造成很大的地势差，从而形成瀑布。瀑布景观具有独特的美学价值，给人以充满活力的动态美感，因而是一种重要的水景旅游资源。

瀑布的形成

瀑布也称河落，有时也称大瀑布，当谈及很大的水量时，后者尤为常见。比较低、陡峭度较小的瀑布称小瀑布，这名称常用以指沿河一系列小的跌落。有的河段

坡度更平缓，然而在河流坡降局部增加处相应出现湍流，这些河段称为急流。瀑布表示河水流动中的主要阻断。通常情况下，河流总是通过侵蚀和淤积过程来平整流动途中出现的障碍物。一段时间过后，河流长长的纵断面就会形成一条平滑的弧线，其特点为：河源处最陡，河口处较和缓。这条弧线被瀑布中断了，因此它们的存在就是为了证明侵蚀过程中的进展。

瀑布在地质学上被称为跌水，表现为河水流经断层、凹陷等地域时垂直地跌落。在河流的时段内，瀑布只是暂时性的，终有一天会消失。侵蚀作用的强度取决于特定瀑布的高度、流量，以及有关岩石的类型与构造，或是其他一些因素。在一定的情况下，瀑布的位置会因悬崖或陡坎被水流冲刷而向上游方向逐渐消退；而在其他情况下，这种侵蚀作用又倾向于向下深切，并斜切包括瀑布在内的整个河段。时间久了，这些因素的其中一个或两个都会起作用，河流的趋势是消灭任何可能形成的瀑布。

在河流的作用下，必然会形成一个相对平滑、凹面向上的纵剖面。以至于当这些河流侵蚀工具的碎石不存在的时候，可用于瀑布基底侵蚀的能量也是很大的。跌水潭存在于跌水的下方，是在河槽中掘蚀出的盆地。它与瀑布的大小相关，也与流量和高度相关，这是其特征之一。在特定的情况下，跌水潭的深度与造成瀑布的陡崖高度极为相似。跌水潭必然会造成陡崖坡面的坍塌和瀑布后退的现象。造成跌水的悬崖在水流的强大冲击力下不断地坍塌，使得瀑布向上游方向后退并降低高度，因此瀑布终有一天会消失。

对于瀑布的成因，大多数人认为一条河流翻过一个悬崖峭壁，就形成了瀑布。事实上瀑布的形成有三种方式。

第一种成因：瀑布的形成是由于尼亚加拉河水飘过白云石的岩壁，直落入下面的一个大水池里，翻滚飞流的水流长时间地侵蚀页岩，淘空了白云岩的岩洞，一块块的白云岩崩落而下，使悬崖变得更加陡峭。

第二种成因：在古代有一块被熔化的岩石从下面挤上来。时间久了，岩石也就慢慢地变硬了，随后在河道中就形成了一堵墙。我国的庐山瀑布就是在这种方式下形成的典型瀑布。

第三种成因：由于古代的冰川切入山谷之中，使两侧形成悬崖峭壁，也就因此形成了瀑布。另外，地球表面的运动使高原的高度增加，河流就位于其边缘地带，这就是高原瀑布形成的原因。

瀑布形成的条件

形成瀑布是岩石类型的差异。当河流跨越许多岩石边界的时候，如果从坚硬的岩石河床流向比较柔软的岩石河床，相对而言较软的岩石河床的侵蚀会更快一些，并且在这两种类型岩石相接处的坡度会更加陡峭。当河流改变方向并露出不同的岩石河床间的相接处时，就会出现这种情况。尼加拉瀑布就是在这种情况下形成的，它是美国与加拿大之间的一部分疆界，在其河床上有一块斑驳的白云石顶板岩石，压在一连串较软的页岩和砂岩之上。

瀑布形成第二个条件是在河床上有许多条状的坚硬岩石。以尼罗河最为典型，在那里形成了许多大瀑布，由于尼罗河水已经对河床进行了充分地侵蚀，致使坚硬的结晶质基底岩露了出来。

在数量众多的瀑布之中只有很少的一部分是由岩层的特性形成的，最为常见的是由陆地的结构和形状形成的。例如，隆起的高地玄武岩能够形成坚硬的台地，河水就有可能在它的边缘产生瀑布，北爱尔兰的玄武岩就是这样的情况。

然而，河水侵蚀和地质特征并不是形成瀑布的单一因素。沿着断层进行的构造运动会将坚硬和软性岩石聚

集在一起，共同形成瀑布。河床海平面的急剧下降会加强下蚀作用，并使河床上的裂点向上游方向后撤。依据海平面、河水流动和地质特征，河落或急流极有可能在河床上出现裂点的地方得到进一步发展。冰川作用已形成很多瀑布，由于冰蚀作用，那里的河谷深度在不断增加，而支流河谷被留在较陡的河谷两侧较高处。在美国加利福尼亚州有一座由冰川作用形成的约塞米蒂瀑布，从高为436米的一个悬谷跌落下来。

从河流的时间角度来看，瀑布只是一种短暂的现象，终有一天会消失。其侵蚀速度是由已知瀑布的落差、水量、岩石的种类和结构以及其他一些因素决定的。在某些情况下，由于悬崖或陡坡的溯源侵蚀而使瀑布向上游退缩；然而有时侵蚀也会产生下切作用而将瀑布所在的整个河段夷为平地。

瀑布的形成即使没有作为河流侵蚀工具的碎石出现，其基部也能够获得极大的侵蚀能量。这是因为对于一些水量和落差大的瀑布来说，其特征之一就是由瀑布跌落底部侵蚀成的深潭。有时此潭的深度与产生瀑布峭壁的高度所差无几。深潭最终造成峭壁露出表面坍塌和瀑布的后退。在一些地方，瀑布的后退也是一个明显的特点。

瀑布群的形成

瀑布群是如此的让人为之惊叹，那么瀑布群到底是如何形成的呢？瀑布的成因，尤以大峡谷河床瀑布的形成最为典型，是在内外引力相互作用下导致地形差异，由此形成河流水作用的一种阶段性河床地貌的表现。其形成因子的作用应该是综合性的、复杂的。当然在分析其形成因子中，会有主要的或次要的之分，也可说是在一系列特定条件下受到共同的作用，在某一时间阶段上的一种必然表现。大峡谷河床瀑布，就是在这样短距离、高坡降、大水量的情况下，河流水动力作用选择一定的地质构造部

位能量释放的一种必然表现形式，也是河流发育溯源侵蚀在现阶段时段内、在特定的地形部位表现出的一种必然结果。

当然，瀑布群的形成是有差异的，需要很详细的考察，具体地分析每个瀑布的形成原因。以西兴拉到帕隆藏布汇入口20余千米的河段为例：

首先，短距离内河道做S形或直角形的急拐弯转折，大的主体瀑布和相对集中的瀑布群最容易出现在河床S形拐弯的弯部和直角形转折的弯部，这种地形突然转折变化、应力相对容易集中作用，像落差最大的藏布巴东Ⅰ号、Ⅱ号瀑布就出现在河床S形拐弯部位。

其次，短距离内峡谷基岩河床深槽形态发生束放变化的转折部位，容易出现大的瀑布。如绒扎瀑布就是从相对宽的河床到突然收窄的河床跌落下去，进入更深更狭的基岩河槽的。同时，任何巨瀑下面必有深潭，它必然会改变河床谷地的形态和水流作用的性质，这也是相辅相成的一种差异，应该说也是参与了瀑布地形的形成过程的。

其三，从藏布巴东Ⅱ号瀑布出现部位的卫星影像图分析，这里的变质岩系近东西走向，两岸产状是连续的，瀑布的出现主要应考虑是由于河床的急拐弯和束放导致应力相对集中作用所出现的差异。在绒扎瀑布，据张文敬教授介绍，瀑布的出现与其坐落在横向岩层中石英岩脉这样坚硬岩性地层的出现有关系。

其四，藏布巴东Ⅱ号瀑布，也就是大峡谷中最大的瀑布以下一系列小规模的瀑布和跌水的出现，又与河床有许多大块崩塌堆积的堵塞有关。整个大峡谷中一些河床小瀑布与跌水险滩，许多都与强大的支沟泥石流堆积于干流主河床上，局部改变了河床坡降造成的差异是有关系的。

综合来看，大峡谷河床瀑布的形成首先是在内外引力作用的综合基础上，然后对具体瀑布作具体的分析，在世界最大峡谷中这样巨大的水力作用和强烈构造运动作用地区，瀑布的变化性也就决定了大峡谷瀑布必然的青年性、群体性和复杂性的特点。

延 伸 阅 读

瀑布按照不同的外观和地形的构造，可以分为多种类型：按瀑布水流的高宽比例可分为垂帘型瀑布和细长型瀑布；按瀑布岩壁的倾斜角度划分为悬空型瀑布、垂直型瀑布和倾斜型瀑布；按瀑布的水流与地层倾斜方向划分为逆斜型瀑布、水平型瀑布、顺斜型瀑布和无理型瀑布；按瀑布所在地形划分为名山瀑布、岩溶瀑布、火山瀑布和高原瀑布。

中国十大最秀美瀑布

黄果树瀑布

在白水河上，黄果树瀑布的声音是最雄浑悦耳的音符，它将流水的缓游漫吟与欢跃奔腾巧妙地融合在一起。自68米高的悬崖之上跌落下来，不仅表现了河流的热忱，还有它的万千风韵，以及柔细飘逸、楚楚依人的似水柔情。由于宽阔的瀑面上水汽飘然，如有阳光照射，还会出现迷人的彩虹。

壶口瀑布

壶口瀑布，是世界第一黄色瀑布。在我国，还没有哪条河被赋予如此多的荣誉和责任。黄河在被尊称为"母亲河"的同时，也被勤劳朴实的人们寄托了很多的希冀。在黄河流经晋陕峡谷到达吉县境内，水面突然从400多米宽变为50多米，对此，《禹贡》用八个字形象地描述为："盖河漩涡，如一壶然。"

九寨沟瀑布

九寨沟有最洁净的瀑布群，因此对于游人来说，沿着水流步行是一种无与伦比的享受。从箭竹海、熊猫海、五花海、孔雀河到珍珠滩，从皑皑的积雪到潺潺的溪水，从形态各异的瀑布到平静的湖泊，无论多么清纯的溪流所流经的路，也如江河一样坎

坷，水的幸运和悲壮在这片大地上表现得淋漓尽致。

雁荡山瀑布

整座雁荡山瀑布众多，可以叫得出来名来的就多达20处，其中名气最大的是高190米的大龙湫瀑布，也有人认为它是中国落差最大的瀑布之一。自小龙湫出发，向西行20多千米便可以看到大龙湫瀑布了。大龙湫瀑布因落差大，一股悬空脱缰而下的急流，在山风的吹拂下，分为各具特色的两段，上半段如飞舞的白练，下半段如烟似雾。

银链坠瀑布

银链坠瀑布以柔美而著称，位于天星桥景区内，与黄果树瀑布相距仅7千米。几块巨大的岩石如自然垂下的肩膀，流水轻盈地漫过，缓慢地流入深潭里。岩石表面如同粗糙的皮肤，流水流经表面即可形成美丽的银色颗粒。

流沙瀑布

流沙瀑布以细腻而著称，位于湘西。其落差大约为216米，气势恢宏。从德夯镇出发，沿着村寨小路一直往前走，在一个拐弯处，便可以远远地看到流沙瀑布了。大多数的时间，流沙瀑布因其极高的落差，从绝壁上腾空奔泻而下，瀑水流到下面就散落成了流沙状。

镜泊湖瀑布

镜泊湖瀑布，是中国最大的火山瀑布。由于第四纪玄武岩流在吊水楼附近形成了天然堰塞堤，拦截了牡丹江出水口，水位因此而抬高形成了90多平方千米的镜泊湖。

德天瀑布

德天瀑布是亚洲最大的跨国瀑布，无论在哪个季节，这里河水永远碧绿清澈。广西大新县这个边陲乡村的名字为德天，瀑布遂因此而得名，归春河在这里不仅可以展示她的倔强，而且更可

以表现出她的柔美。她从石崖绿树掩映中倾泻而出，飞流曲折，形成宽100多米、落差40多米、呈三层跌宕而下的瀑布。

马岭河瀑布

马岭河起源于乌蒙山脉，马岭河的瀑布飞泉多达60余处，而壁挂崖一带仅2千米长的峡谷中，就有多达13条瀑布，是一片极为壮观的瀑布群。其中珍珠瀑布最具特色，从200多米高的崖顶跌落下来四条素净而轻软的瀑布，在层层叠叠的岩页上若隐若现，撞击出无数水珠，在阳光的照耀下熠熠生辉。

庐山瀑布

庐山瀑布群不仅历史悠久，而且还富有诗意，因此历代文人骚客常常在此赋诗题词，盛赞其壮观雄伟，给庐山瀑布带来了极高的声誉。其中最为著名也最为家喻户晓的当属唐代诗人李白的《望庐山瀑布》莫属。

延 伸 阅 读

三峡大瀑布是国家4A级景区，也是神农架探秘的必经之地。是展示震旦纪、奥陶纪、寒武纪等多个地质年代的天然地质博物馆，也是世界上少有的集峡谷、溶洞、山水、化石文化为一体的国家级地质公园，以山青、水秀、洞奇、瀑美著称。

世界最壮观的十大瀑布

伊瓜苏瀑布

　　伊瓜苏瀑布是世界上最宽的瀑布，是世界五大瀑布之一，分属巴西和阿根廷所有，其中大都在阿根廷一侧。其中大多数瀑布都有64米高；有的可达到82米，可以伸展3200多米宽。由于干旱，伊瓜苏瀑布现在的水流量是正常水量的三分之一，但是在干旱期结束后又会达到顶峰。

安赫尔瀑布

　　你可以在1600米之外就可以感受到世界上最高瀑布的水雾，

从委内瑞拉东南部的山上一泻而下，水深达到980米，接近1千米，由于这里丛林密布，因此从空中观看效果会更佳。

维多利亚瀑布

津巴布韦的维多利亚瀑布高107米，1707米宽，是公认的世界上最壮观的瀑布。整个津巴布韦河流都流入这个狭窄的峡谷，从而形成了维多利亚瀑布，其本土名字是"会打雷的烟雾"。最好在水流没有达到最大的时候去看，因为这样水雾不会使瀑布模糊。

德天瀑布

德天瀑布位于归春河上游，在中国和越南的交界处，下降70米的高度，被岩石和植物分成几部分。在旅游旺季，如果游人想近距离观察瀑布的话，也可以乘坐竹筏滑下。

尼亚加拉大瀑布

尼亚加拉大瀑布之所以是世界上最著名的瀑布，也许是由于她的震耳欲聋。尼亚加拉大瀑布包括两部分：位于加拿大高52

米、宽670米的马蹄铁瀑布和位于美国的宽305米，落下57米到达尼亚加拉河的一部分。尼亚加拉大瀑布也参与了5月11日的世界新七大奇迹江河湖部分的竞赛。

娜纽瀑布

娜纽瀑布高366米，是由一系列娜纽溪流组成的，是夏威夷大岛上众多的著名瀑布之一，周围被热带雨林环绕和厚厚的丛林所环绕。

优胜美地瀑布

优胜美地瀑布是约塞米蒂国家公园的主要景区之一，739米的优胜美地瀑布是北美最高的瀑布之一，也是世界上最容易进去的瀑布之一，坐着轮椅进去都可以享受到很美的风景。优胜美地瀑布在春天下旬达到顶峰，但是如果没有雪，或在夏天和秋天，它就会因干枯而消失。

沃尔令斯大瀑布

位于毛博谷的沃尔令斯大瀑布由很多串联瀑布组成，高约182米，位于哈单达，是挪威最著名的瀑布。

普拉考努伊瀑布

20米的瀑布不太大也不太高，但是却异常的漂亮，是新西兰的形象代表，在1976年发行的一套邮票上还印有普拉考努伊河。有三个小瀑布组成的普拉考努伊瀑布位于卡特林地区，周围被热带雨林和茂密的丛林覆盖。

蒙诺玛瀑布

蒙诺玛瀑布位于哥伦比亚河畔，在俄勒冈州和华盛顿州的交界处。哥伦比亚河是两州的界河。这条发源于加拿大的美丽河流，清澈而安静。在北美洲也许有更高的瀑布，但是没有比蒙诺玛瀑布更漂亮和著名的了。附近还有很多小瀑布，景色十分壮美。

延 伸 阅 读

位于印度卡纳塔克那塔拉古帕附近的乔格瀑布也相当有名，乔格瀑布高253米，宽472米，不分层，直接落下，相当壮观。此外还有靠近奥乔里奥斯的牙买加邓斯河瀑布可以与之媲美。邓斯河瀑布是少数流入海洋的瀑布之一，瀑布高度达到183米，最终注入加勒比海。攀登瀑布是当地人最喜欢的一种活动。

黄果树瀑布

瀑布小档案

所在国家：中国

所在省份：贵州省

瀑布落差：60米~80米

瀑布宽度：101米

黄果树瀑布，位于贵州省安顺市，镇宁布依族苗族自治县境内，东北距贵州省会贵阳市150千米。当白水河流经当地时，河床断落成九级瀑布，其中黄果树是最大的一级。瀑布宽101米，落差60米~80米，流量可达每秒2000多立方米。

风景秀美的瀑布

黄果树瀑布的优美景色，自古就为人们所赞赏。黄果树瀑布，古称白水河瀑布，也称黄桷树瀑布、黄葛树瀑布或黄葛墅瀑布。早在明朝弘治年间（1488年~1505年）的《贵州图经新志》中就有文字记载，之后在嘉靖年间（1522年~1566年）的《贵州通志》《贵州山泉志》《贵州名胜志》中均有记载。

明朝伟大的旅行家徐霞客更是对黄果树瀑布作了生动而科学的详细描述。

　　黄果树景区以黄果树瀑布为中心，以瀑布、溶洞、地下湖为主体。四周岩溶广布，河宽水急，山峦迭嶂，气势雄伟，素来是连接云南、贵州两省的重要通道。有滇黔铁路、株六复线铁路、黄果树机场、320国道、贵（阳）黄（果树）高速公路贯通全境，新建的清（镇）黄（果树）高速路直达黄果树景区。现如今，又开通了滇黔公路。

　　在瀑布对面建有观瀑亭，可供游人在此观赏汹涌澎湃的河水奔腾直泄犀牛潭。腾起水珠大多高达90米，在其周围形成水帘。

　　如果盛夏来此，一定是消暑的最佳选择。由于瀑布后绝壁上凹进一个奇特的洞，因此被称为"水帘洞"。

　　水帘洞位于黄果树瀑布身面，长134米，像横卧在大瀑布背后的一条长龙，它里面共有6个洞窗、5个洞厅、3股洞泉和6段通道。游人可以从前、后、左、右、上、下六个方向观赏大瀑布；还可以从瀑布背后伸手触摸飞泻的瀑流，此为天下一绝。

中国第一大瀑布

壮丽的黄果树瀑布，是中国第一大瀑布，同时也是世界最阔大壮观的瀑布之一。经采用全球卫星定位系统（GPS）等科学手段，测得黄果树大瀑布的实际高度为77.8米，其中主瀑高67米，瀑布宽101米，其中主瀑顶宽83.3米。分布着风格各异的大小18个瀑布，形成一个庞大的瀑布"家族"，被世界吉尼斯总部评为世界上最大的瀑布群，列入吉尼斯世界纪录。

黄果树瀑布它也是世界上唯一能够从上、下、前、后、左、右六个方位观赏的瀑布，也是世界上有水帘洞自然贯通且能从洞内外听、观、摸的瀑布。

明代伟大的旅行家徐霞客考察大瀑布曾发出这样的赞叹："捣珠崩玉，飞沫反涌，如烟雾腾空，势甚雄伟；所谓'珠帘钩不卷，匹练挂遥峰'，俱不足以拟其壮也，高峻数倍者有之，而从无此阔而大者"。

延 伸 阅 读

由于黄果树瀑布群的各瀑布不仅风韵各异，造型优美，因此被称为世界上最典型、最壮观的喀斯特瀑布群，而且在其四周还发育着很多喀斯特溶洞，在其洞内有各种喀斯特洞穴地貌发育，形成中外闻名的贵州地下世界。经国务院批准，黄果树瀑布群被列为全国第一批重点风景名胜开发区域。

庐山瀑布群

瀑布小档案

所在国家：中国

所在省份：江西

瀑布落差：总落差208.86米

庐山瀑布群位于江西省北部，九江市南，耸立在鄱阳湖与长江之滨。庐山瀑布群主要由三叠泉瀑布、开先瀑布、石门涧瀑布、黄龙潭瀑布乌龙潭瀑布、王家坡双瀑和玉帘泉瀑布等组成，庐山瀑布多姿多彩，景色迷人，被誉为中国最秀丽的十大瀑布之一。因李白"日照香炉生紫烟，遥看瀑布挂前川"的名句而为人熟知。

秀美庐山瀑布群

古人曰："泰岱青松，华岳摩岭，黄山云海，匡庐瀑布，并称山川绝胜。"庐山之美，素享"匡庐奇秀甲天下"之誉，而庐山之美，瀑布居首。庐山之名，可上溯至周朝。古人对千里平川上竟突兀出一座如此高耸秀美的庐山，山上又有众多的瀑布溪流，曾感到迷惑不解。于是，人们就编了许多神话故事，来解释庐山及其泉瀑的来历。历代诸多文人骚客在此赋诗题词，赞颂其壮观雄伟，给庐山瀑布带来了极高的声誉。庐山瀑布群以不同的风貌向世人展示她的万般风情。庐山除了瀑布群，还有许多可观赏的景点，包括仙人洞、含鄱口、庐山会议会址、大小天池、锦绣谷等。

三叠泉瀑布

庐山的瀑布群最著名的应属三叠泉，被称为庐山第一奇观，旧有"未到三叠泉，不算庐山客"之说。三叠泉瀑布之水，自大

月山流出，缓慢流淌一段后，再过五老峰背，经过山川石阶，折成三叠，故得名三叠泉瀑布。

站在三叠泉瀑布前的观景石台上举目望去，但见全长近百米的白练由北崖口悬注于大磐石之上，又飞泻到第二级大磐石，再稍作停息，便又一次喷洒到第三级大磐石上。白练悬挂于空中，三叠分明，正如古人所云："上级如飘云拖练，中级如碎石摧冰，下级如玉龙走潭。"而在水流飞溅中，远隔十几米仍觉湿意扑面。

黄龙潭瀑布和乌龙潭瀑布

在庐山三宝树风景区，有着以秀美纤柔为其特色的两个瀑布——黄龙潭瀑布和乌龙潭瀑布。从三宝树到黄龙潭瀑布，只有很短的距离。只见一幽谷之中，崖壁陡立，岩石层叠，四周草木茂盛，一条瀑布从十几米高的崖上跌下，发出阵阵悦耳动听的击水声，瀑布跌落潭中，继而又在石缝之中蜿蜒流淌，奔向下游。

黄龙潭瀑布以秀、幽见长，大概不是正午时分，黄龙潭瀑布是不太会受到阳光照射的，因此，潭边瀑下之石块崖壁上，青苔遍布，把小涧打扮成一片绿色，衬托着飞流而下的雪白透明的瀑布。

从黄龙潭瀑布向下走上几百米，然后再向西北方向溯另一小溪上行，不一会儿就可到达乌龙潭瀑布。只见瀑布从几块巨石中夺路冲出，分成三股，只有数米高，然而姿态十分优美。那一股股水流，跌落水中，发出婉转悠扬的乐音；那乌龙潭水，清澈透明，惹人喜爱。游人至此，不禁会体会到"山不在高，有仙则名，水不在深，有龙则灵"的含义。

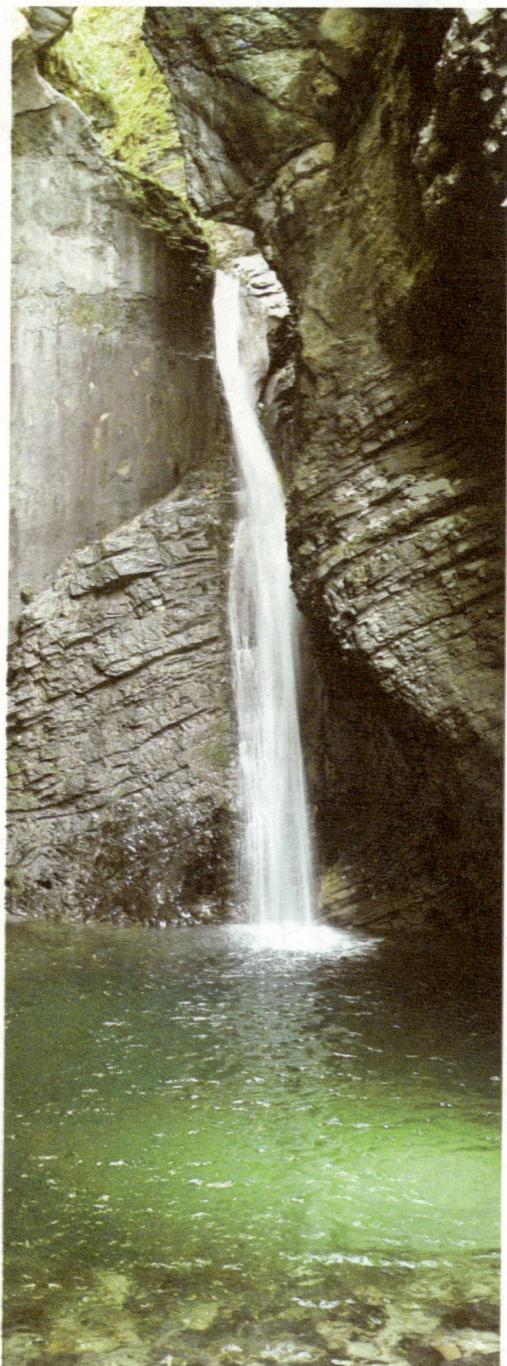

在乌龙潭中，藏着一条温驯善良的白龙，那白龙不仅不像黄龙那样性格暴烈、兴风作浪、祸害百姓，反而时常给东林寺慧远和尚和当地黎民百姓带来许多方便。大旱日子白龙便喷云吐雾，普降甘霖，滋润禾苗，造福众生。大涝时节，白龙又吸水排涝，不使洪水淹没农田，危害农舍，故白龙受到东林寺众僧和周围百姓的喜爱和崇拜。为了表示这谢忱和敬意，百姓在每年6月初，采集百果，送来菜饭，投入潭中，祭祀神龙。这种活动当地群众就称为送龙饭。据说，龙饭必须送到乌龙潭之中，否则即使放在离潭很近的石头上，白龙亦不会来领情的。多少年，白龙一直在乌龙潭中修身养性，造福生灵。那分成数股的乌龙潭瀑布，终年流淌不息，昼夜伴随着白龙。人们每每游览到此，不仅为这里的妩媚秀色所吸引，亦为这里流传如此优美动人的传说，而良久徘徊，流连忘返。

王家坡双瀑

游人从九江驱车上庐山，行至山北公路小天池旁，向南俯视，可见一"U"型平坦大谷地，这便是莲花谷。当年著名地质学家李四光教授提出庐山存在冰川遗迹时，就认为莲花谷是一个最典型的冰川谷地，一万多年前的第四纪冰川就在此谷地形成发育，冰川沿莲花谷而下，直抵鄱阳湖畔的鞋山。现在，游人站在公路旁眺望鄱阳湖中，还可看见一孤山形若鞋子，这便是当年冰川的遗迹。

莲花谷之南侧便是王家坡双瀑的位置所在。游人前往观赏必须徒步攀登数里崎岖山路，才能抵达王家坡双瀑。初闻双瀑之声，已觉悠扬悦耳，再观双瀑之景，更觉妩媚可爱。翠竹绿林掩映之中的王家坡双瀑，它不像匡庐之三叠泉瀑布、石门涧瀑布那么雄壮威风，气

势磅礴，而像两只比翼双飞的鸟儿，双双跳跃在山涧之中，倾泻在碧龙潭里。

碧龙潭水，晶莹洁净，水流缓慢，中央较深，边缘稍浅，环潭四周，竹影婆娑，绿树扶疏，怪石嶙峋，奇峰耸立，是一个十分理想的天然游泳池。潭中横卧一块巨石，名太平石，石上镌刻有"碧龙潭"三字，石面平整，可容坐数十人，游人仰卧在太平石上，可饱览四周风光。

静听空山幽泉，水声悠扬；又闻瀑布击水，声若银瓶乍裂，水浆迸溅；再细细搜寻，山风吹过竹林，送来一阵阵悦耳的沙沙响声；有时山谷之中，还会夹杂着各种会歌唱的昆虫的啾啾叫声；此时的碧龙潭，仿佛成了一个天然舞池，游人尽可在大自然如此丰富优美的旋律伴奏下，在舞池中翩然起舞，大概可称之为真正的"水上芭蕾"了。

开先瀑布

位于山南地区的开先瀑布，是庐山最有名的瀑布。因这里原先有开先古寺而得名。瀑分两股，东瀑在双剑峰和文殊峰之间奔流而下，由于崖口狭窄，瀑水散成数绺，形如马尾，故称马尾瀑。西瀑从鹤鸣峰和香炉峰之间的高崖上下落，气势雄伟，名香炉瀑。

开先瀑布之美，还在于其山下左右、四周的景色均十分优美秀丽，正是这种秀美的环境，才把开先瀑布衬托得更加妩媚娇娆。开先瀑布之上端，是秀峰簇簇，各具特色。

有"日照香炉生紫烟"的香炉峰，诗人们这样吟诵它："香炉一绝峰，时生旦暮烟""香炉不铸石陶甄，鼻不闻香眼见烟"；香炉峰面对的双剑峰，它宛若双把利剑，嵌插在群峰之间，鹤鸣峰则形如仰鹤，又有传说"尝有鹤栖鸣"，现在当然是"不见山头夜鹤鸣，空遗山下瀑布声"了。

狮子峰，形态险恶，朱熹当年有诗云："石骨苔衣虽赋形，

蹲空独逞惑狰狞。威尊石兽终何用，谁解当年吼一声。"至于姊妹峰，则娟娟并坐，美丽动人。

玉帘泉瀑布

驱车从庐山南麓栗里出发东行约5千米，抵达归宗寺遗址，抬头望见金轮峰，直插云天，石镜峰拔地而起，其上的悬崖间，便是那"何必丝与竹，山水有清音"的玉帘泉瀑布。"玉帘铺水半天垂"，玉帘泉瀑布高达数百丈，宽八九丈，远远望去，真如一幕玉珠水晶串成的垂帘。

玉帘泉与庐山瀑布群中的其他瀑布有着明显的不同，它并不像石门涧瀑布那样水势汹涌，声响吓人，亦不像乌龙潭瀑布那样玲珑妩媚，婉转流淌，而是属于那种"数尺之上尚是水，数尺之下全是烟"的瀑布。

玉帘泉瀑布在半空之中，便化为缕缕散丝，阵阵烟雾，因风作态，随意飘扬。阳光照射下，霓虹隐现，玉帘变成五彩珠帘，跌入潭中，如大珠小珠落玉盘，瀑声清脆悦耳。此番景色，不禁使人联想起著名的雁荡山大龙湫瀑布来了，相比之下，玉帘泉瀑布别有一番妩媚柔姿，惹人爱怜。

昼夜流淌的玉帘泉瀑布，似乎还向游人诉说一个久远而美丽的传说：相传在玉帘泉发源的石镜峰顶上，有枚锃亮明净的圆石，石面平滑如镜，可照见游人的须发。这块圆石，便是玉真仙子用来梳妆打扮的宝鉴变伐的。

有一天，玉真仙子将宝鉴悬挂在石镜峰顶上对镜梳妆，那知镜子中竟映出山南群峰叠嶂，清溪泉瀑，玉真仙子喜出望外，便迅速唤来其他众仙子共观赏镜中之美景，可哪知一瞬间功夫，宝鉴不复存在，变成了一块圆石嵌在山崖之上。

当地人因此将这座嵌有宝鉴的山峰，取名为石镜峰。从此，石镜峰声名大震，各地名流高僧纷至沓来，李白、王羲之等亦曾到此游过。

今日玉帘泉瀑布之下的深潭旁边，有一个天然石洞，可容10余人。洞口有石屋残迹，传说是晋代著名书法家王羲之曾在此读书习字，那轻盈漫洒的玉帘泉水飘下而汇成于美丽的石镜溪，宋代诗人王十朋有《石镜溪》诗赞曰："山上有镜石为台，云雾深藏未肯开。别有一溪清似镜，不须人为拂尘埃。"

溪流中有段养鹅池，王羲之当年曾在此放养群鹅，以此为

乐。王羲之每天在溪边池畔流连，细细观察着群鹅戏水之千姿百态，大概想从中悟出书学之道。有时还依照鹅在戏水的动人姿态，画上几幅栩栩如生的群鹅戏水图。谁知白鹅跃出画面，凌空飞天而去。于是"放鹅洞"之名由此得来。

洞中据说还有一个斗大的"鹅"字，为王羲之亲笔所书，近代有人还说在草丛苔壁中，发现了斑驳难辨的"鹅"字，弄得后来的游人，每到此洞便四处寻觅。其实，这字今已不复存在了。此外，在玉帘泉瀑布风景区，还流传着杏林春暖、复生松等许多优美动人的传说。

延 伸 阅 读

早在周威烈王时候，有一位匡俗先生，在庐山学道求仙。据说，匡俗在庐山寻道求仙的事迹，为朝廷所获悉。于是，周天子屡次请他出山相助，匡俗则屡次回避，潜入深山之中。后来人们美化这件事把匡俗求仙的地方称为"神仙之庐"。并说"庐山"这一名称，就是这样出现的。

马岭河瀑布

瀑布小档案

所在国家：中国

所在省份：贵州和广西交界处

瀑布落差：200米~400米

瀑布宽度：80米~200米

马岭河瀑布起源于乌蒙山脉，最终注入黔、桂交界的南盘江，长达100多千米。马岭河瀑布是中国最大的瀑布群，这里石峰成林，壮阔雄伟；峡谷成河，奇险幽深。它是国家最近公布的重点风景名胜区之一。

地球最美丽的伤疤

与其他一般峡谷比起来，马岭河瀑布的地貌结构有所不同，只是一条地缝，有人称其为"地球最美丽的伤疤"。从石阶上走下去，就会看到奇险幽深的峡谷。

在这条深200米~400米的地缝底部，可以看到尖峭的峰峦赫然屏列，瀑布异彩纷呈，而且气势磅礴，山谷间到处弥漫着幽深而神秘的气氛。

壮观的瀑布群

马岭河瀑布共有飞泉60多处，而在壁挂崖只有2千米长的峡谷中，瀑布就有多达13条，可以说这是一个颇为壮观的瀑布群。珍珠瀑布是最有特色的，有4条洁白而轻软的瀑布从200多米高的崖顶跌落下来，在层层叠叠的岩页上若隐若现，形成成千上万的水珠，在阳光的照耀下闪闪发光，就像人站在高处筛落而下的浪花一样。

72瀑聚一峡

"72瀑聚一峡"，真正是一道独特的景观，落差从100米到300米，瀑瀑相连，一瀑更比一瀑新奇，仅仅一个天星画廊景区瀑布就多达20余条。

因此，马岭河大峡谷特有的瀑布文化是由一个个瀑布奇观构成的。游客在谷中顺流而下的时候，可以看到悬崖峭壁上的牵藤竹和各色美丽脱俗的兰花。

马岭河大峡谷

马岭河大峡谷位于贵州省西南的兴义市境内，距兴义火车站4千米。与黄果树瀑布、路南石林、有花海之称的云南罗平构成了一道亮丽的喀斯特风景旅游线。

峡谷全长74.8千米，平均深度达100余米，宽80米～200余米。景观集雄、奇、险、秀、幽、秀、壮为一体。峡谷两岸峭崖对峙，谷深流急，银瀑飞泻，滩险急流处，水石相搏，涛声震天。

由于"千泉归壑，溪水溯蚀"的作用，孕育着多姿多彩的喀斯特地缝奇观。

马岭河横穿兴义市境内达

80余千米。它的地貌结构与一般峡谷不同，实际上是一条地缝。

正是这世所罕见的地缝，造就了马岭河景区雄奇的景观：山河浩浩荡荡，交织成群的瀑布气势磅礴，尖峭的锥峰密集丛生，万峰簇拥，充满了神秘幽深的色彩。

马岭河地缝漂流，目前已开放的漂流线长达12千米，四季皆宜。游人在马岭渡口乘上橡皮船，然后便开始从上游向下游漂流，依次程序为："一冲野马滩" "二过猛虎跳" "三跳犀牛坎" "四闯龙腾关" "五进幸福潭" "六到宏瀑岸"。途经18个滩、20个湾、30个潭，步移景迁，美不胜收。

延　伸　阅　读

马岭河大峡谷位于贵州省西南的兴义市境内，距兴义火车站4公里。与黄果树瀑布、路南石林、有花海之称的云南罗平构成了一道亮丽的喀斯特风景旅游线。

壶口瀑布

瀑布小档案

所在国家：中国

所在省份：山西

瀑布落差：9米

瀑布宽度：30米

壶口瀑布东濒山西省临汾市吉县壶口镇，西临陕西省延安市宜川县壶口乡，是中国仅次于黄果树瀑布的第二大瀑布。瀑布宽达30米，落差为9米，水力资源极为丰富。

滚滚黄河水流经晋狭大峡谷时，500多米宽的洪流由于受到两岸所束缚，形成上宽下窄的结构，同时在50米的落差中翻腾倾涌，声势如同在巨大无比的壶中倾泻而出，故名"壶口瀑布"。

两大著名奇景"旱地行船"和"水里冒烟"，更是罕见。壶口瀑布，号称"黄河奇观"，是世界上最大的黄色大瀑布，也是中国的第二大瀑布，其奔腾汹涌的气势是中华民族精神的象征。

位置概况

黄河壶口瀑布风景名胜区位于黄河中游，晋陕大峡谷中段，总面积约60平方千米。距太原大约六个小时车程；距西安大约两

个多小时的车程。地理位置为北纬36度8分10秒，东经110度26分40秒，海拔448.1米。

黄河壶口瀑布声如雷鸣，气势壮观，它以排山倒海的独特雄姿著称于世。以壶口瀑布为中心的风景区，集黄河峡谷、黄土高原、古塬村寨为一体，展现了黄河流域壮美的自然景观和丰富多彩的历史文化积淀。

1988年被确定为国家重点风景名胜区，1991年被评为"中国旅游胜地四十佳"，2002年，晋升为国家地质公园。

黄河之水天上来

壶口瀑布水势汹涌，涛声震天，景色壮丽，是黄河最壮观的一段，也是国内外罕见的瀑布奇观。"黄河之水天上来，奔流到海不复回"，唐代著名诗人李白脍炙人口的佳句，勾画出了大河奔流的壮观景象。

"不观壶口大瀑布，难识黄河真面目。"壶口瀑布这颗黄河上的璀璨明珠，正以它巨龙般的姿态奔腾、咆哮着。

2005年10月23日，中国最美的地方排行榜在京发布。此次活动由《中国国家地理》主办，全国34家媒体协办的"中国最美的地方"评选活动，历时8个月，共评出"专家学会组""媒体大众组"与"网络手机人气组"三类奖项。"媒体组"与"人气组"分别以媒体投票及网友、手机用户投票的方式各产生12个获奖地方。而由中国国家地理杂志社浓墨重彩推出的"专家学会组"奖项则别具一格，分成了山、湖泊、森林、草原、沙漠、雅丹地貌、海岛、海岸、瀑布、冰川、峡谷、城区、乡村古镇、旅游洞穴、沼泽湿地等15个类型。评选出的中国最美的六大瀑布，壶口瀑布位列其中。

主要景观之孟门山

在壶口瀑布下游的5千米处，在这里，可以看到在右侧的黄河谷底河床中，有两块梭形巨石，巍然屹立在巨流之中，这就是古

代被称为"九河之蹬"的孟门山。河水至此分成两路，从巨石两侧飞泻而过，然后又合流为一。

相传这两个小岛原为一山，阻塞河道，引起洪水四溢，大禹治水时，把此山一劈为二，导水畅流。这两个小岛，远眺如舟，近观似山，俯视若门。传说在古代，孟家兄弟的后代被河水冲走，曾在这里获救，因此，将这两个岛称为孟门山。

孟门山之上，黄河在沉积岩河床上冲刷出一条深沟，现在的黄河就在这条嵌入石质河床中的深沟中流淌，这条深沟宽30多米，长5千米，所以叫"十里龙槽"。据考证，今天的孟门山，其地质时期可能是"十里龙槽"南延部分的残留河床，后来，槽谷的下游河段被河水毁坏，从而形成今天河道中的两块巨石。因此孟门山其实是一种被称为河心岛地貌的地质遗迹。

冰瀑奇观

平日里"湍势吼千牛"的壶口瀑布，在"冷静"中呈现出别

样风情：黄河水从两岸形状各异的冰凌、层层叠叠的冰块中飞流直下，激起的水雾在阳光下映射出美丽的彩虹，瀑布下搭起美丽的冰桥，令人不禁慨叹大自然的鬼斧神工。位于黄河中游，秦晋峡谷中段。以壶口瀑布为中心，北至马粪滩，南至小船窝，西至峡谷地域，东至人祖山，总面积100平方千米。东距山西省吉县县城45千米，距华夏第一都临汾市169千米，距山西省省会太原387千米；西距陕西省省会西安449千米，距陕西宜川县城40多千米，距延安170千米。

走过宽阔的河滩，人可以与壶口瀑布非常近距离地接触。非汛期时节，稍有胆量的人可以沿着凹进石崖的一道被水冲刷的石槽绕到瀑布内，领略铺天盖地的洪流从头顶越过，那种惊涛骇浪的视觉体验，与《黄河大合唱》给人的精神洗礼一样荡气回肠。

旱地行船

壶口瀑布落差大，加之瀑布下的深槽狭长幽深，水流湍急，给水上船只通行带来很大的困难。过去从壶口上游顺水下行船只，不得不先在壶口上边至龙王庙处停靠，将货物全部卸下船来，换用人担、畜驮的方法沿着河岸运到下游码头，同时，靠人力将空船拉出水面，船下铺设圆形木杠，托着空船在河岸上滚动前进，到壶口下游水流较缓处，再将船放入水中，装上货物，继续下行，在岸上人力拖船很费力气，常常需要上百人拼命拉纤。尽管有一些圆形木杠，铺在船下滚动，但石质河岸上仍被船底的铁钉擦划得条痕累累。

在当时的条件下，"旱地行船"可能是水上运输越过壶口瀑

布的最佳选择，它与壶口瀑布上下比较平缓的石质河岸相适应，近来，由于公路、铁路的迅速延伸，以及壶口附近黄河大桥的修建，过壶口的水上航运已阻断多年，现仅可看到昔日旱地行船留下的痕迹。

十里龙槽

壶口至孟门约5千米，在这段400多米宽的箱形峡谷的底部，黄河水流下切，形成一条30米~50米宽，10米~20米的深槽。黄河水从壶口奔涌下泻后，以每秒数千立方米的巨大流量归于此槽。传说它为龙身穿凿，故取名"十里龙槽"，也称"十里龙壕"。十里龙槽是壶口瀑布溯源上移，瀑下深潭随之连续延伸所形成的，此深槽嵌在原谷底基岩河床中，槽旁原河床底的大部分，成为非洪水期的河岸，这种河岸比较宽、平，全由坚硬的砂岩构成，近水处，几乎没有一点砂石，平坦的可以在上面行车，"旱地行船"正是利用了这种地质地貌条件。

春秋风采

由于四季气候和水量的差异，壶口景色也时有所变。壶口瀑布最佳观赏期分为两段：一是春季4月~5月，正值农历三月间，漫山遍野的山桃花盛开，岸边冻结的冰崖消融，称为"三月桃花汛"；二是秋季9月~11月雨季刚过去时，河边众多山泉小溪，汇集大量清流，阵阵秋风吹过，常有彩虹出现，叫做"壶口秋风"。这两个时期，水大而稳，瀑布宽度可达千米左右。主瀑难以接近，但远远望去，烟波浩渺，威武雄壮。大浪卷着水泡，奔腾咆哮，以翻江倒海之势，飞流而下。真是"水底有龙掀巨浪，岸旁无雨挂彩虹"。

此情此景，实非笔墨所能形容。数九寒冬，壶口瀑布又换上了一派银装玉砌的景象，在那瑰丽的冰瀑面上，涌下清凉的河水，瀑布周围的石壁上，挂满了长短粗细不一的冰滴溜，配上河中翻滚的碧浪，更显示出一幅北国特有的自然风光。

古河名胜

粗犷、深厚、庄严、豪放的黄河，是中华民族的象征；千姿百态，壮观无比的壶口瀑布则是黄河的代表。在这里，古今诗人和音乐家们奏出了一曲曲"黄河大合唱"，唱出了炎黄子孙的心声。从这里往南不远，是龙门上口——孟门。在那里有"孟门夜月"奇景和大禹治水的"镇河石牛"。游人先壶口、次孟门、后龙门，来一次"黄河三绝一线游"，领略大禹治水的遗迹，是非常有趣的。

壶口瀑布景区开发大有可为，景区内景点星罗棋布，有孟门月夜、镇河神牛、旱地行船、清代长城、明清码头、梳妆台、古炮台、克难坡等自然和人文景观。从1994年起，每年举办一次壶口瀑布漂流月，使壶口景区已成为令人瞩目的旅游热点。

延 伸 阅 读

1987年9月，黄河漂流队探险队员王来安乘坐由40个汽车轮胎缠结成的密封舱，顺瀑布而下，揭开了人类在壶口体育探险的序幕，人称"黄河第一漂"。1996年8月，河南冯九山横跨壶口走钢缆，创下高空走钢缆最长的世界吉尼斯纪录，被誉为"华夏第一走"。1997年6月1日"亚洲第一飞人"柯受良驾车飞越壶口，创下世界跨度最大的飞车世界纪录。

流沙瀑布

瀑布小档案

所在国家：中国

所在省份：湖南

瀑布落差：216米

流沙瀑布位于湖南省湘西土家族苗族自治州的，瀑布高216米，瀑布从绝壁之上腾空而下。如此高的落差，导致流水到了下面就散落成流沙状，如白练凌空、银纱悬壁一般。流沙瀑布，也被称为最细腻的瀑布。

温柔的少女

当游人从瀑布下走过时，淡淡的水雾如同轻纱一般纷纷扬扬从天而降，就好像进了水帘洞一样，丝丝细雨，浸入心脾。如轻纱一样的水珠在风的吹动下，到处飘散。

流沙瀑布虽没有万马奔腾

的磅礴气势，也没有万兽怒吼的狂嚣之声，然而凭着它若有若无的轻柔，流沙瀑布以其缥缈的气质萦绕于游客的心。除此之外，以流沙瀑布为中心，有号称"美丽大峡谷"的苗寨德夯、芙蓉镇王村、凤凰古镇等人文景观。

德夯苗族村

在风景秀丽的湘西武陵源风景区内，镶嵌着一颗璀璨的明珠——德夯苗族村。"德夯"为苗语，意为美丽的峡谷，距湘西自治州首府吉首市约24千米。这是一块神奇的土地，这里溪流纵横，峡谷深邃，瀑布飞泻，落差达216米的流纱瀑布，如白练凌空，似银纱悬壁。

这里群峰竞秀，盘古峰海拔700多米，峰顶呈葫芦状，分大小两峰，绝壁千仞，天险难度，站立峰顶，方圆景色尽收眼底。这里有著名的公路奇观，这便是湘川公路上最险关卡——矮寨天险，从山麓到山顶全长只有6千米，却转了13道弯，公路如白带盘旋于青山之上，车行路上，伸手可抓到窗外白絮般的云雾。

在青山绿水间，点缀着一幢幢灰瓦石基吊脚楼，一条条光滑的石板路，一座座精巧的石拱桥，一群群赤足红装的浣纱苗女。还有那古老的石碾和筒车，在水力的带动下，咕咕噜噜、咿咿呀呀，不知疲倦地旋转着，一派田园诗情，这就是德夯苗寨。

变幻莫测的瀑布

从正面仰望瀑布，好像瀑布是从云端飞流直下，可谓"飞流直下三千尺，疑是银河落九天"。沿潭畔走至瀑布里去，像是猴王钻进了水帘洞。从瀑布背后观瀑布，只看见瀑布是从一个半圆形的"月亮岩"上飞泻下来的。瀑布在飘、舞、进、

退，如浪、如波、如纱、如练。由于峡谷变幻莫测，当阳光照射时，瀑布上帘便映出七彩长虹。彩虹随着水珠往下飘落：只见一彩虹落下，一个又冒出来；一个紧接着一个地消失，一个紧接着一个地产生，那一道道闪现奇光的彩虹真是太美丽了！

大部分时候，瀑布从绝壁之上腾空而下，极高的落差，流水到了下面就散落成流沙状。游人可以沿着两边山路，从瀑布下走过，淡淡的水若雾似纱般纷纷扬扬飘下来，如进入水帘洞一般，有丝丝细雨，浸入心脾。如细沙般的水珠随着风，吹在脸上，手上，草丛间，石头上，奔到底，便汇成了瀑布下那湛蓝的湖。虽没有如万马奔腾的磅礴气势，没有如万兽怒吼的狂嚣之声，但凭一点似有似无的轻柔，流沙瀑布以缥缈的气质萦绕于观者之心。

延 伸 阅 读

流沙瀑布水量最大时是4月至5月，也就是春天，8月和9月往往是枯水期。尤其是2009年的湘西大旱，瀑布一滴水也没有。所以游客去之前一定要搞清楚，要是很久那里都不下雨，就不要去德夯了，这时可以选择去苗人谷。

九寨沟瀑布

瀑布小档案

所在国家：中国

所在省份：四川

瀑布落差：100余米

瀑布宽度：30米

九寨沟，因沟内有九个寨子而得名。位于四川西北部的阿坝藏族、羌族自治州九寨沟县境内，地处岷山山脉南段尕尔纳峰北麓，是长江水系嘉陵江源头一条支沟，海拔2000米~4300米。九寨沟被人们誉为"童话世界"，是蜀中胜地一颗五彩的风光"宝石"，它那与众不同的美景不知迷醉了多少游人。而说到九寨沟览胜，首屈一指的就是让人流连忘返的九寨沟瀑布。九寨沟瀑布群，主要有三部分组成：诺日朗瀑布、树正瀑布和珍珠滩瀑布。

一路有"景"

九寨沟瀑布，南距成都市约400余千米。从成都乘车向北过郫县和灌县，随后沿着岷江峡谷岸边的盘山临江公路溯江上行，就到达目的地了。其中的岷江在历史上曾一度被认为是长江的正源，水势很大，浪翻流急。在前行之路上可以看到很多景点：

三国时代蜀国大将姜维为抵御曹魏进攻而修筑的城堡遗迹；断断续续的悬空栈道，当年红军爬雪山过草地的雪山草甸，令人感慨万千！

姿态万千的九寨沟瀑布

纵观我国瀑布，有从断崖蓦然跌下，势如大海倒泻、银河决口般声势恢宏的瀑布：有从峭壁凌空飞落，如白绫脱轴、袅袅娜娜般姿态万千的瀑布；也有从洞上翻崖直下，状如水晶珠帘般垂挂洞前、妙趣横生的瀑布。然而不同的是，九寨沟瀑布群从长满树木的悬崖或滩上静静流出，瀑布常常被分为成千上万股细小的水流，或轻盈缓慢，或急流直泻，姿态万千，妙不可言，再加上四周到处都是群山叠翠，满目青葱。秋天的时候，万物都换上了秋装，瀑布之美更是无以言之，真想一睹为快。

最宽的瀑布

诺日朗瀑布是九寨沟最为宽阔的瀑布，宽达百余米，落差大约30米，水从静海穿林过滩缓慢地流下来，凌空而下，水花四溅，色彩之纯净不禁令人心醉。而"诺日朗"三字，在藏语中的意思恰恰就是雄伟壮观。

白天阳光下的诺日朗瀑布，多姿多彩，景色迷人。而当夜幕降临，皓月当空，清辉如练，诺日朗瀑布更有一番令人沉醉的诗情画意了。聆听着瀑布的哗哗水流声，和夜里莫名的一些小虫的叫声，再仰望悬挂在天空上的一轮如钩新月，山风徐徐拂面而来，浑身凉爽舒适，身置如此佳境，使人完全忘却了人世间的一切烦忧，飘飘然，羽化登仙了。

树正瀑布

树正瀑布海拔2295米，落差25米，瀑顶宽72米，树正瀑布位于四川九寨沟风景名胜区树正沟中。树正瀑布在树正群海的上游游人如织的树正寨前公路旁，是入沟见到的第一个瀑布，也是九寨沟四大瀑布中最小的一个。虽然最小，但也能让初游九寨沟的人惊心动魄。

树正瀑布是无名海水沿湖堤奔突，被水中树丛分成数以千计的水束汇集到树正瀑顶。水一到裂点就喷扬出来，随着下方凸起的裙状、肺叶状钙华，构成多极浑圆状瀑布。瀑布飞落溪涧，神采飘逸，雄厚的瀑声，旋律刚毅，雪峰银瀑，绿树翠流，如诗如

梦，成了一幅印象画般的背景，这里往往是游人合影留念的绝好地点。

珠江滩瀑布

珍珠滩瀑布平均宽为200米，气势非凡，异常雄伟。

珠江滩瀑布被新月状的岩块分为了数股，或银帘飘飞，或白浪滚滚，或似珠如线，狂奔急泻汇入涧底，喧腾着奔流而下。宽阔的水帘从瀑顶喷泻而下，拉开了环形帷幕。瀑布跌落到瀑底，在山谷中激起飞溅的浪花，水声轰鸣，山涧沸腾。瀑布在整个跌落过程中那磅礴的气势，振奋人心。

当瀑布冲进谷底时，吼声如雷，卷起了千堆浪花，一路向东

狂奔。这道激流水色碧绛泛白，与九寨沟所有激流比起来，是水色最美、水势最猛、水声最大的一段。激流左侧的栈道是供游人观赏这一股碧玉狂流的最佳地点。

在瀑布底部则有一番优美的风光：葱郁的林木，娇媚的山花，清新的空气以及婉转鸣叫的群鸟。

延 伸 阅 读

树正寨是九寨沟九个藏族村寨中最大、最繁华的一个，九寨沟1000人中就有400多人居住于此。树正寨口的那九个白色的宝塔中最大的一个代表的是树正寨。这九座白塔被称为九宝莲花菩提塔，它们代表九个藏族村寨团结一致，向上苍祈求祥和、幸福。树正寨里还有一个民俗文化村，这里曾是影片《自古英雄出少年》的外景拍摄点。

镜泊湖瀑布

瀑布小档案

所在国家：中国

所在省份：黑龙江

瀑布落差：20米

瀑布宽度：40米

镜泊湖瀑布是中国最大的火山瀑布，也被称为"吊水楼瀑布"，位于黑龙江省宁安县西南。因其居镜泊湖北端，又名镜泊湖瀑布。长期以来，牡丹江一直就像一个温顺的小姑娘，从来不

发火。然而一万年前的火山爆发，使牡丹江的生命流程发生了很大的改变。第四纪玄武岩流在吊水楼附近形成了天然堰塞堤，拦截了牡丹江出口，水位被迫提高形成了90多平方千米的镜泊湖。

浮云堆雪的奇景

镜泊湖瀑布是极具震撼人心的，每逢夏季洪水来临时，镜泊湖水从各个方向漫来聚集在潭口，然后陡然下跌，如无数白马奔腾，气势尤为壮观。呼啸奔腾的湖水漫过平滑的熔岩床面，从断层峭壁上一泻而下，在丰水期形成宽达二三百米、落差二十多米的大瀑布，形成浮云堆雪的奇景，无不为之叫好。拥抱洁白瀑布的是黑石潭，赭红色的熔岩将一条河流的急切烘托得无比惊心，那是水与火的妥协，那是冰冷与炽热的生命的结合。

瀑布形成的原因

瀑布的形成原因，据考察证实，是镜泊湖火山群爆发时，喷发出的熔岩在流动进程中，接触空气的部分首先冷却成硬壳，而硬壳内流动的熔岩中尚有一部分气体仍未得到逸散，及至熔岩全部硬结后，这些气体便从硬壳中排除，形成许多气孔和空洞。这些气孔和空洞后又塌陷，形成了大小不等的熔岩洞。当湖水从熔岩洞的断面跌下熔岩洞时，便形成了十分壮观的瀑布。因受下跌水流冲蚀，瀑底形成直径70米、深60米的圆形水潭。瀑水飞泻直下，浪花四溅，气势磅礴，震声如雷。镜泊湖瀑布是我国著名瀑布之一，已成为旅游胜景。

镜泊湖的旅游

镜泊湖瀑布，古时土著人名曰"发库"，距"镜泊山庄"仅3

千米。从"镜泊山庄"乘车，沿着一条山路，便可抵达龙泉山脚下的冷食店"湖光阁"。

由"湖光阁"向左转，驶进盘山曲径，通过急流上悬架的"飞虹桥"，再穿越一段枝叶交错的绿色长廊，一座古朴雅致的六角亭台便出现在眼前。此时，瀑布泻落的轰鸣之声不绝于耳，扑面的微风夹杂着一股股沁人的清新与甘甜。

游人至此多于亭中小憩，然后步行穿过一片阔叶林，呼啸奔腾、气势磅礴的"镜泊湖瀑布"便映入眼帘。镜泊湖瀑布酷似闻名世界的"尼亚加拉大瀑布"。湖水在熔岩床面翻滚、咆哮，如千军万马之势向深潭冲来，然后从断岩峭壁之上飞泻直下，扑进圆形瓯穴之中。

潭水浪花四溅，如浮云堆雪，白雾弥漫；又似银河倒泻，白练悬空，水声震耳如有雷鸣。瀑布一般幅宽40余米落差为12米。雨季或汛期。

悬崖中发现美丽

瀑布两侧悬崖巍峨陡峭，怪岩峥嵘。站在崖边向深潭望去，如临万丈深渊，令人头晕目眩。一棵高大遮天的古榆枝繁叶密酷似一把天然的巨伞，踞险挺立于峭崖乱石之间。斑驳的树影中，一座小巧的八角亭榭依岩而立，人称"观瀑亭"。亭台至瀑布流口及北沿筑有铁环锁链护栏。古榆下尚有一条经人工凿成的石头阶梯蜿蜒伸向崖底的黑石潭边，枯水期间，潭水波平如镜。

据测黑石潭深达60米，直径也有100余米。每逢晴天丽日，光照向瀑布，则有色彩斑斓的彩虹出现。凡到此游览者，无不惊叹其壮美的景色。诗人曾为它留"飞落千堆雪，雷鸣百里秋。深潭霞飞雾漫，更有露浸岸秀"的优美诗篇。

冬季枯水期，瀑布不见了，却可以观赏到另一番景致。在熔岩床上，游人可发现许多常年被流水冲击的熔岩块因磨蚀而形成

的大小、深浅不等的溶洞。这些溶洞，犹如人工凿琢般光滑圆润，十分别致。环潭的黑石壁，又是一个天然的回音壁，它会把游人的轻歌笑语，经圆形石壁的折射，清晰地传到自己的耳边。石壁可与北京天坛公园的"回音壁"媲美。

瀑布跳水第一人

20世纪70年代初期，十五六岁的狄焕然在牡丹江市第七中学读书。在绝大多数人都不会游泳和跳水的东北，狄焕然幸运地遇到了两位科班出身的体育老师，教给他和小伙伴们游泳、跳水技巧。

1983年6月17日是狄焕然永远不能忘记的日子。那天，他和几个同伴在镜泊湖瀑布下的黑龙潭游泳，狄焕然突然产生了接近瀑布的想法。

他试探着扶着山石向瀑布走去，穿过水帘到了瀑布的后面。

狄焕然从来也没有见过这么壮观奇绝的美景：一道水幕自天而降，透过水幕可以看见岸上的游人和隐约的彩虹，飞珠溅玉，晶莹通透。仰头向上望去，他意外地发现那悬崖峭壁竟是可以攀上去的。

在一片反对声中，狄焕然站到了瀑布上面，当时的感觉就像夏天站在雪山上一样。那次他只是站在半山腰，用一贯的"燕式"跳水姿势从悬崖上飞了下去，他成功了，并连跳了4次。此后，狄焕然和几个同伴爱上了悬崖跳水，在牡丹江举办金秋节庆祝活动时，狄焕然为中外来宾进行了悬崖跳水的精彩表演，《人民日报（海外版）》《新体育》《中国体育》等报刊相继作了报道。

延伸阅读

大约距今8300年~4700年前，在今天的宁安县境内，地壳运动十分强烈频繁，由于火山连续爆发，火山口流出了大量的岩浆，阻塞了滔滔奔腾的牡丹江水。冷却后的岩浆堆积在牡丹江河道上，像一座大坝一样把牡丹江拦腰截断了。坝上游河段便形成了火山堰塞湖——镜泊湖，湖水又通过熔岩坝的一些断裂缝隙，渗流出来，跌落崖壁，形成镜泊湖瀑布。

银链坠瀑布

瀑布小档案

所在国家：中国

所在省份：贵州

银链坠瀑布是最柔美的瀑布，位于天星桥景区内，属大黄果树风景区的一部分，距离黄果树瀑布仅有7千米。这里，流水呈现出瀑布的形态，许多小瀑布气势非常壮丽。

天星桥公园

天星桥景区实际上是一个岩溶地貌公园，公园里有众多的小山。游客通过景区的小路，登上一些石峰，就会看到一座形态独特的桥，它是通往地面山峰的必经之地。这座桥就是天星桥，它是天然的石桥，在这个石桥上插一块石头，这块石头就好像是流星坠落时形成的一样，因此就有了天星桥这个名字。

游客过了天星桥，就能抵达天星洞，洞里面有一大片石笋群，这些竹笋与传说中的八仙十分相像，再加上旁边的浅水，所以就有了"八仙过海"的景观。

千呼万唤始出来

出了天星洞，冒水潭就出现了眼前，因为各种岩体的高度大小不一，所以流水在这里便呈现出瀑布的形态，许多瀑布虽小，但气势却是非常壮丽的。接下来，银链坠瀑布便进入了人们的视线。巨大的岩石好像人们的肩膀一样，自然地向下低垂，瀑流柔缓地从岩石上滑过，然后轻盈地坠入了深潭里。那些岩石从表面看上去，就像粗糙的皮肤一样，瀑流经过其表面时形成了美丽的银色颗粒。

因此，整个瀑布看上去就如同银链齐垂一般，它的这种形态、这种风情让人迷恋，更让人寻找一种平和的心态。

延 伸 阅 读

银练坠瀑布以柔美圆润见长，它总高40余米，由许多小瀑布汇合而成，其独有的几块天然巨石犹如缓缓下垂的肩膀，在底部形成一个巨大的凹槽。上游的小瀑布汇合到此后，在地心引力的作用下，沿着巨石粗糙的表面轻盈地坠入深潭，永不间断。

德天瀑布

瀑布小档案

所在国家：中国

所在省份：广西

瀑布落差：70余米

瀑布宽度：最大为200多米

　　德天瀑布位于广西大新县归春河上游，距中越边境53号界碑大约50米，是国家特级景点。归春河常年有水，流入越南后又流回广西，经过大新县德天村处遇断崖跌落而成瀑布。

亚洲第一大跨国瀑布

　　德天瀑布横跨中国与越南，排在巴西-阿根廷之间的伊瓜苏大瀑布、赞比亚-津巴布韦之间的维多利亚瀑布、美国-加拿大的尼亚加拉瀑布之后，是世界第四大跨国瀑布。此瀑布为东南亚最大的天然瀑布，与越南的板约瀑布共同连成一体，如同一对亲姐妹。中越边境的人民往往在瀑布的下游，进行边贸往来，过去通过肩挑人扛的方式，而现在多用车船运载。

旅游好去处

　　在德天景区，德天瀑布是游人观光旅游的最好去处。归春河十分清澈，它一方面是左江的支流，另一方面也是中越两国边境的界河。波涛翻滚的归春河水气势汹汹地从北面狂奔而来，被高崖三叠、巍然耸峙的浦汤岛所阻隔。之后，水流就从50多米高的山崖上跌落，并与下面的岩体发生撞击，从而产生了大量的水花与水雾。这些散落的水花与水雾从远处望去，就像是垂天的淌涓一般，从近处看如同飞珠，它们在阳光的照耀下，五彩缤纷，十分好看。同时，瀑布的声音在河谷中振荡，气势非常雄伟。

德天瀑布为三级跌落，宽度最大为200多米，纵深有60多米，落差有70余米，年均流量50立方米／秒，所在地为厚层状白云岩地质。

四季风景怡人

这时随着季节的更替而发生变化：春天草木泛青，万花争艳，它们如同色彩缤纷的花边一样镶嵌于瀑布的四周；夏天，瀑流奔涌如龙，气势逼人，有着万马奔腾般的壮丽场面；秋天，瀑

布的水雾到处飘散，荡挂的银帘在成熟的季节显得景致非凡；冬天，瀑流溅起的水珠闪闪发亮，细流在山风吹拂下飘飘洒洒。

德天景区素来就有"小桂林"之称，如同一幅又一幅宁静抒情的南国特有的风情画卷。游人置身于此，可以感受到处处是美景，这是丹青妙手所不及的，难怪人们常说"德天归来不看瀑"。

延 伸 阅 读

德天瀑布有一姊妹瀑布叫板约瀑布。板约瀑布位于中越边境交界处归春河上游越南一方。瀑布上游河水时急时缓，时分时合，迂回曲折，于参天古木之间、花草掩映之下，百鸟鸣啭。归春河水忽遇断崖、飞泻而下，恰似一巨大银练高悬于谷峡之上。其魄力、风采、气势震魂摄魄，摇动心旌。

尼亚加拉瀑布

瀑布小档案

所在国家：加拿大和美国交界

瀑布宽度：1240米

瀑布落差：50米~100米

所在大洲：北美洲

尼亚加拉瀑布位于加拿大和美国交界的尼亚加拉河中段地区，有着世界七大奇景之一的美誉，与南美的伊瓜苏瀑布及非洲的维多利亚瀑布合称世界三大瀑布。它有宏伟的气势，丰沛而浩瀚的水汽，所有的游人都为之震撼。瀑布总宽度1240米，平均水帘的高度超过50米，其流量达每秒5300立方米。"尼亚加拉"在印第安语中意为"雷神之水"，印第安人认为瀑布的轰鸣是雷神说话的声音。在他们实际见到瀑布之前，就听到酷似持续不断打雷的声音，故他们把它称为"巨大的水雷"。

河谷断层的产物

尼亚加拉瀑布是尼亚加拉河跌入河谷断层的产物。尼亚加拉河是连接伊利湖和安大略湖的一条水道，仅长56千米，却从海拔174米直降至海拔75米。

河道上横亘着一道石灰岩断崖，水量丰富的河流经此，骤然陡落，因而水势澎湃，声震如雷。瀑布以河床绝壁上的山羊岛为界，分为加拿大瀑布与美国瀑布两部分，其中尤以加拿大瀑布更为雄伟壮观。

尼亚加拉瀑布及由它冲出来的尼亚加拉峡谷的形成有特殊的地质条件，其中页岩不断被水流冲刷，使瀑布在1842年~1905年间平均每年向上游方向移动170厘米。美加两国政府为保护瀑布，曾耗巨资修建了一些控制工程，使瀑布对岩石的侵蚀有所减小。

横跨两国的瀑布

尼亚加拉瀑布其实不是一个瀑布。加拿大人多半认为它由两个瀑布组成，"加拿大瀑布"和"美国瀑布"。虽然分成两个瀑

布，却是同一水源，同一归宿——尼亚加拉河。

这两个瀑布虽然一个在加拿大，一个在美国，可是两个瀑布都是面向加拿大，如果要一睹瀑布的真面目，都要到加拿大这一边，或者坐船到瀑布底下的尼亚加拉河才能看得清楚。冲向美国瀑布的那一段尼亚加拉河是由美加两国分享的，河上筑有一座彩虹桥，这座桥也根据河内边界而划分，一端属于加拿大，一端属于美国。游客在桥上分界处，一脚踏一边，可以得意地说："我同时踏在两国的国土上了！"

马蹄瀑布

加拿大瀑布又称为马蹄瀑布，形状如马蹄，高达56米，岸长约675米。马蹄瀑布丰沛浩瀚的水量从50多米的高处直冲而下，发

出震耳欲聋的轰鸣，气势有如雷霆万钧。

瀑布溅起的浪花和水汽，有时高达100多米，当阳光灿烂时，便会营造出一座七色彩虹。见过大瀑布彩虹的人很久都不会忘记它的魅力，因为在那一刻，人们体会到了壮阔恢宏、瑰丽多姿的生活。

婚纱瀑布

在美国境内的瀑布又称为"婚纱瀑布"，由于湖底是凹凸不平的岩石，水量又不大，因此水流呈漩涡状落下，跌到无数块硕大的岩石上，卷起千堆雪，与垂直而下的大瀑布大异其趣。它有流水潺潺、银花飞溅的迷人景色。

同旁边蔚为壮观的瀑布相比，它显然别具一格，另有一番风韵。似一片月光，柔和地洒在绝壁之上，极为宽广细致，很像一层新娘的婚纱，令游客陶醉，因而得名。因此这里成为情侣幽会和新婚夫妇度蜜月的胜地。

健全的游乐设施

现在，尼亚加拉瀑布周围建设了一系列游乐设施，在加拿大一侧划为维多利亚女王公园，美国一侧划为尼亚加拉公园，瀑布四周建立四座高塔，游人可乘电梯登塔，瞭望全景，也可乘电梯深入地下隧道，钻到大瀑布下，倾听瀑布落下时洪钟雷鸣般的响声。美国居民或游客也只有来到加拿大境内，才能完整地观赏到瀑布的壮丽景色，每年前来这里参观的游客高达1400万。

尼亚加拉瀑布是一幅壮丽的立体画卷，从不同的角度观赏，有不同的感受。面对大瀑布，人们一荡胸怀，在大自然这个惊天动地的杰作之中，增几分天地正气，减几许尘寰猥琐。

瀑布水流无沉积物，清澈的水质为瀑布增添了秀色。安大略

省和纽约州深知这一自然奇景的重要性，因而保留或获得了瀑布毗邻地区的土地所有权，将这些土地辟为公园。

置身加拿大的维多利亚女王公园、美利坚瀑布边上的展望点及展望点之下300米处横跨峡谷的虹桥之上，人们可以饱览引人入胜的景观。游客可经人行陆桥由美国一侧通往高特岛，再乘坐电梯至瀑布底部，参观水帘后方的风穴。

延 伸 阅 读

尼亚加拉有这样一个凄美的传说：传说在这尼亚加拉峡谷中住着一个古老的印第安部落，族里规定女孩成年后通常是由父母私订终身。有一位很美丽的印第安少女在成年仪式上，被父母许诺给了一位又老又丑的老头，少女顿觉痛不欲生，跑到尼亚加拉大瀑布前哭泣了一天一夜，最终竟坐着竹筏漂进了大瀑布中，再没有回来。

维多利亚瀑布

瀑布小档案

所在国家：赞比亚与津巴布韦接壤处

瀑布宽度：1700多米

瀑布落差：最高落差为108米

所在大洲：非洲

维多利亚瀑布位于非洲赞比西河中游，赞比亚与津巴布韦接壤处，为世界著名瀑布奇观之一。1989年被列入《世界遗产目录》，世界遗产委员会评价："这是世界上最壮观的瀑布之一。"

瀑布简介

维多利亚瀑布的宽度和高度比尼亚加拉瀑布大一倍。年平均流量约935立方米／秒。广阔的赞比西河在流抵瀑布之前，舒缓地流动在宽浅的玄武岩河床上，然后突然从约50米的陡崖上跌入深邃的峡谷。瀑布分五个部分，自西向东依次为魔鬼瀑布（落差70米）、主瀑布（落差93米）、马靴瀑布（落差61米）、彩虹瀑布（落差108米）和东瀑布（落差101米）。

瀑布巨流冲入宽仅400米的深潭，形成"沸腾锅"景观。除部分瀑布在赞比亚境内外，其余均在津境内。站在山顶上，可以一览大瀑布的雄姿：宽阔的水面像是从天际扑面而来，跃过岩石，发出巨大声响，从悬崖上直跌入峡谷。从远处望去，瀑布像一条白色巨龙，翻滚着扑向无底的深渊。

主瀑布被河间岩岛分割成数股，溅起的浪花达300米，在65千米之外便可见到。每逢新月升起，水雾中映出光彩夺目的月虹，景色十分迷人。瀑布声如雷鸣，当地居民称之为"莫西奥图尼亚"，又称"雷鸣之烟"。

1905年，在瀑布附近的峡谷上建成跨度200米的拱形铁路公路两用桥。赞比亚一侧建有两座水电站，发电能力共10万千瓦。维多利亚瀑布国家公园与利文斯顿狩猎公园形成瀑布地区。瀑布地区已成为非洲著名的旅游胜地。

瀑布的发现

在1853年到1856年之间，苏格兰传教士和探险家戴维·利文斯敦与一批欧洲人一起首次横穿非洲。

利文斯敦此行的目的显然是希望非洲中部能向基督教传教士们开放，他们从非洲南部向北旅行经过贝专纳（现在的博茨瓦纳），到达赞比西河。

然后，他们向西到安哥拉的罗安达沿海。考虑到这条线路进入内陆太困难，他又调头东向，沿着2700千米长的赞比西河航行，希望这条大动脉般的河流成为开拓中非的"上帝高速公路"。1855年11月，利文斯敦"发现"了维多利亚瀑布，成为第一个到达这个瀑布的欧洲人。

当时他乘独木舟顺流而下，于11月16日抵达该瀑布，老远就

已看到瀑布激起的水汽。他登上瀑布边缘的一个小岛，看到整条河的河水突然在前方消失。

1860年8月他率探险队第二次来到瀑布，测量峡谷的深度。他垂下一条绑了几颗子弹和一块白布的绳子。"我们派一人伏在一块凸出的悬崖上看着那小白布，其他的人放出了94米长的绳子，那几颗子弹才落在一块倾斜而凸出的岩石上，那里距下面的水面可能有15米。当然水底还要深。从高处下望，那块白布只有钱币大小。"

因此他估计峡谷有108米深，大约是尼亚加拉瀑布的两倍。

观赏瀑布

观赏大瀑布，从卢萨卡出发，可以驾车或乘飞机去。乘游艇畅游大瀑布的上游——赞比西河。从上游可以看到瀑布的轮廓。

赞比西河是非洲第四长河，流向从西向东，南岸是津巴布韦，北岸是赞比亚。

河面很宽，但水流平缓。河中有一小岛，用望远镜可看到在岛上徜徉的一群群大象。突然听到隆隆的响声，显然是游艇已接近瀑布。

在盛水期，你从几千米甚至几十千米开外，就能看到瀑布激起的冲天水柱，一团团不断向上翻涌，在蓝天白云间飘散开去。当地称该瀑布为"莫西奥图尼亚"，意思是"雷鸣之烟"。

维多利亚瀑布最宽处达1690米。河流跌落处的悬崖对面又是一道悬崖，两者相隔仅75米。两道悬崖之间是狭窄的峡谷，河水在这里形成一个名为"沸腾锅"的巨大旋涡，然后顺着72千米长

的峡谷流去。

观赏完瀑布，可以到瀑布旁的手工艺村落一游，体验另外一种滋味，在此处你可以看到传统的非洲生活，还有津巴布韦六个部落不同的文化和艺术。村落中的手工艺匠利用各种不同的木头，雕刻出美丽的动物，妇女们也编织各种不同尺寸的精致盒子。

人间奇观

维多利亚瀑布以它的形状、规模及声音而举世闻名，堪称"人间奇观"。而瀑布附近的"雨林"又为维多利亚瀑布这一壮景平添了几分姿色。"雨林"是面对瀑布的峭壁上一片长年青葱的树林。它靠瀑布水气形成的潮湿小气候长得十分茂盛。作为这里的一大景点，"雨林"仿佛终日置身于雨雾，即使是大晴天也不例外。

在8月~12月的旱季里，维多利亚瀑布的全宽可尽收眼底，不过这时的水位可能很低。到3月~5月洪水季节，那情景变得惊天动地。赞比西河的狂涛怒波，以万马奔腾之势飞泻而下，流量达旱季时的15倍。

魔鬼池

之所以得名"魔鬼池"，是因为它地处110米高的维多利亚瀑布顶部。维多利亚瀑布的当地名字叫"莫西奥图尼亚"，意思是"雷鸣之烟"。"魔鬼池"是个天然形成的岩石水池。据说，曾居住在瀑布附近的科鲁鲁人从不敢走近它。邻近的东加族更视它为神物，把彩虹视为神的化身，他们经常在瀑布东边接近太阳的地方举行宰杀黑牛仪式来祭神。

络绎不绝的挑战者

正因为瀑布如此凶险，才吸引了世界各地的勇敢者。只有到每年9月和10月的旱季时，水池的水量相对较少，也相对较平静，不会顺着岩壁留下瀑布。而每年3月和5月的洪水季节，其水流量是旱季的15倍。

所以，要是赶在旱季跳进池内游泳。当碧蓝色的池水像死了一般静止时，没人能知道它是"魔鬼"——只有流亡在瀑布下游的浮尸，警告着人们：走近我，淹没你。

即便如此，勇敢的挑战者还是络绎不绝。他们在池中戏水，扒在池边举着相机拍照，趴在崖边做出飞的动作。更有勇敢的父亲抱着刚长乳牙的儿子向悬崖下张望。

"你站在瀑布边缘，看着瀑布一泻而下，发出如雷般的轰鸣，你无论如何大喊大叫，都听不到自己的声音，你的肾上腺素在体内涌动，你似乎体会到了临近死亡的感觉。"戴维·若恩回忆着自己在"魔鬼池"中的感受。

他说，虽然池水很清凉，但当你真正游起来时，身体会因激动过度而颤抖，这对于在如此危险的地带游泳是相当致命的。只有此时，游泳者才会明白，为什么旅游攻略中会告诫人们，来这里游泳前不要吃东西。

延 伸 阅 读

来"魔鬼池"的游泳者，不论是大人还是孩子，都以男性居多。不知是因为男性天性喜欢探险，还是因为这里有一个美丽的传说。据说，在很久以前，维多利亚瀑布的深潭下面，每天都会出现一群如花似玉的姑娘，她们会日夜不停地敲打着非洲特有的金鼓，当金鼓的咚咚声从水下传出时，瀑布就会传出震天的轰鸣声，天上还会现出美丽的彩虹。

伊瓜苏瀑布

瀑布小档案

所在国家：巴西和阿根廷

瀑布宽度：4000米

瀑布落差：82米

所在大洲：南美洲

伊瓜苏瀑布是世界上最宽的瀑布，是世界五大瀑布之一，分属巴西和阿根廷所有，其中大部分在阿根廷一侧。它是一个马蹄形状瀑布，高82米，平均流量1756立方米/秒，宽4千米，是尼加

拉瀑布宽度的4倍，比非洲的维多利亚瀑布大一些。瀑布跌落，飞花溅玉，形成150米高的水帘，似彩虹飞架。

伊瓜苏瀑布群共有200多条瀑布，有各种各样的名字，如"情侣""亚当与夏娃"、"圣马丁"、"魔鬼咽喉"等。伊瓜苏瀑布沿河一带的植物生长茂盛，种类繁多，植物学家将这里的植物视为当今世界上最精美的样本。1984年，被联合国教科文组织列为世界自然遗产。

瀑布的成因

巴西和阿根廷的交界处，有一条河，叫伊瓜苏河。它开始由北向南分隔两国，又忽然拐了个比90度还要大的弯，向东流去。这个弯拐得太大了，东边的地势毫无连续性，低了一大截，于是，就有了这个马蹄形的让人过目难忘的大瀑布。

悬崖边有无数树木丛生的岩石岛屿，使伊瓜苏河由此跌落时约分为275股急流或泻瀑，瀑布跨越两国，被划在各自国家公园中，每年有200万游客从阿根廷或巴西前来游览。"伊瓜苏"在南美洲土著居民瓜拉尼人的语言中，是"大水"的意思。

瀑布水源之伊瓜苏河

伊瓜苏河发源于巴西境内，在汇入巴拉那河之前，水流渐缓，在阿根廷与巴西边境，河宽1500米，像一个湖泊。水往前流陡然遇到一个峡谷，河水顺着倒U形峡谷的顶部和两边向下直泻，凸出的岩石将奔腾而下的河水切割成大大小小270多个瀑布，形成一个景象壮观的半环形瀑布群，总宽度3000米～4000米，平均落差80米。

河面最宽的地方足有4千米，旱季时，断层处分为275股大大小小瀑布，雨季时就汇集为一道气势独特的世界最宽瀑布，水流量为每秒1万2700立方米，雨季时想来观看瀑布都看不了。

多个观赏点

层层叠叠的瀑布环绕着一个马蹄形峡谷咆哮着倾泻而下，激起的水雾弥漫在密林上空，奔流而下的水流声几千米外都能听见。伊瓜苏瀑布与众不同之处在于观赏点多。从不同地点、不同方向、不同高度看到的景象不同。

峡谷顶部是瀑布的中心，水流最大最猛，人称"魔鬼喉"。

由于河水的水量极大，在这里汇成了一道气势磅礴的世界最宽的大瀑布，其水流量达到了1700多立方米/秒。这一道人间奇景，在30千米外就能听到它的飞瀑声。

瀑布分布于峡谷两边，阿根廷与巴西就以此峡谷为界，在阿根廷和巴西观赏到的瀑布景色也截然不同。阿根廷这边分上下两条游览路线：下路蜿蜒贯穿在密林之中，可自下而上领略每一段瀑布的宏伟或妩媚，可说是十步一景；上路是自上而下感受瀑布翻滚而下的气势。

在巴西那边能够欣赏到阿根廷这边主要瀑布的全景。伊瓜苏瀑布气势最宏伟的"魔鬼喉"，在阿根廷这边是从上往下看，9股水流咆哮而下，惊心动魄，同时还可以望见环形瀑布群的全景；在巴西那边是从下往上看，水幕自天而降，另有一番感受。

瀑布的历史和传说

第一个探访该瀑布的西班牙探险家是巴卡（Alvar Nunez Cabeza de Vaca），1541年他将之命名为圣玛利

亚，但后来瀑布仍保留其原名伊瓜苏。1542年，一位西班牙传教士在南美巴拉那河流域的热带雨林中，意外地发现了伊瓜苏大瀑布：层层叠叠的瀑布环绕着一个马蹄形峡谷咆哮着倾泻而下，激起的水雾弥漫在密林上空，奔流而下的水流声几公里外都能听见。德维卡并不觉得伊瓜苏瀑布特别壮观，只形容为"可观"，他描绘伊瓜苏瀑布，说它"溅起的水花比瀑布高，高出不止掷矛两次之遥"。

耶稣会教士继西班牙人来此传扬基督教，建立传教机构。在阿根廷波萨达斯附近，仍保留着一座耶稣会的古建筑，称为圣伊格纳西奥米尼，建于1696年，是观赏瀑布的旅游中心。

当地还有这样一个美丽的传说：某部族首领之子站在河岸上，祈求诸神恢复他深爱的公主的视力，所得回复是大地裂为峡谷，河水涌入，把他卷进谷里，而公主却重见光明，她成为第一个看到伊瓜苏瀑布的人。 当地印第安人的瓜拉尼语称该瀑布为"伊瓜苏"，意为"大水"。

1897年巴西军官巴罗斯(Edmundo de Barros)构想在伊瓜苏瀑布建立国家公园。巴西和阿根廷在校正边界後建立两个分立的国家公园，每个国家各建立一个伊瓜苏国家公园。两个公园的建立都为了保护与瀑布有关的植物、野生动物和景观之美。此区有3个机场，分别设于阿根廷、巴西和巴拉圭。

旅游须知

游览伊瓜苏大瀑布，游客还可以乘直升机盘旋于伊瓜苏大瀑布上空，这样才能真正看清伊瓜苏大瀑布，这里适合所有喜爱生态的旅游者。游览瀑布最适合时间是四月中下旬，这时气温比较适宜，蚊虫较少。

延 伸 阅 读

伊瓜苏瀑布壮观的风貌，深深地吸引了每一位到访的游客。当年美国总统富兰克林·罗斯福的夫人——埃莉诺·罗斯福，在第一眼看到伊瓜苏大瀑布时都情不自禁地发出感叹，称位于美国与加拿大交界的"尼亚加拉瀑布太可怜了"。事实上，这位美国前第一夫人对伊瓜苏瀑布的赞叹确实名副其实，因为伊瓜苏瀑布在高度和宽度上都是尼亚加拉瀑布的数倍。

优胜美地瀑布

瀑布小档案

所在国家：美国

瀑布落差：总落差739米

所在大洲：北美洲

优胜美地瀑布又称"约塞米蒂瀑布""幽思美地瀑布"，是

北美洲落差最大的瀑布，位于美国加利福尼亚州谢拉内华达山区，其最壮观的季节在春末，水量充沛，气势惊人。

瀑布的分段

优胜美地瀑布全高为739米，一共可分为三段，瀑布的落差距离排名世界第六，虽然在外观看来仅有上优胜美地瀑布与下优胜美地瀑布两段，但事实上包括了中间的落差地带，这三段分别是：上优胜美地瀑布、湍流区、下优胜美地瀑布。

上下优胜美地瀑布

上优胜美地瀑布又称"大优胜美地瀑布"。上优胜美地瀑布水量较少，落差却高达436米，这一段瀑布的高度已可列入全世界20个最高瀑布当中，有数条从优胜美地谷地或是外部山区的登山步道可到达此瀑布的顶端或底部。主要的水源来自鹰溪平原支流——优胜美地溪，多个水道在此汇集，并自峭壁顶端猛烈冲击而下，造成了上优胜美地瀑布。

下优胜美地瀑布也称"小优胜美地瀑布"。下优胜美地瀑布落差近100米，有相当容易的步道可达，轮椅亦可通过，因此往往是游客最多的地方。优胜美地溪到此往默塞德河流去，如同该山区的其他溪流，优胜美地溪在这里产生了许多激流和乱流，整个地形也相当潮湿与湿滑。

瀑布湍流区

在上下两瀑布之间的落差区，有几个小潭，一般称此区为湍流区。这一区的高度有225米，差不多是下优胜美地瀑布高度，因为地理上的外观阻碍，这一块区域不容易全部看到，入口也很难被发现，最佳的观看角度是在通往上优胜美地瀑布的步道上寻找可见的角度。国家公园对此区亦有特别警告，对喜好攀岩者，此区的风险必须自负，如需搜救行动，因地形难达，所以花费甚多。

水量的变化

在降雪量比较少的年份，优胜美地瀑布在夏末或秋初就因水量减少而逐渐消失，此时往往有攀岩者趁机挑战从岩面攀登而上，此举在突如其来的午后雷阵雨中，是相当冒险的，瀑布可能突然出现，水量足以将攀岩者冲落。5月~6月流量最大，少雨年份流量大大减少。

延伸阅读

优胜美地瀑布可从优胜美地旅馆旁的步道到达，上优胜美地瀑布则需由向阳营地的入口进入，此步道相当陡峭、险峻、不少路段亦相当粗糙、容易滑倒，来回行程长度是11.6千米，落差达823米，预计来回行程要花6小时到8小时。其他通往上优胜美地的步道，主要是由北方的泰奥加来。

塞特凯达斯瀑布

瀑布小档案

所在国家：巴西与阿根廷交界处

瀑布宽度：3200米

年均流量：13300立方米每秒

所在大洲：南美洲

塞特凯达斯瀑布又名"瓜伊雷瀑布"，位于巴西与阿根廷两国国境交界处的巴拉那河上。塞特凯达斯大瀑布为岩石分割成18股飞流的系列瀑布，曾经是世界上流量最大的瀑布，也是最宽的瀑布之一。

　　汹涌的河水从悬崖上咆哮而下，滔滔不绝，一泻千里。尤其是每年汛期，气势更是雄伟壮观，每秒钟就有1万立方米的水从几十米的高处飞泻而下，在下面撞开了万朵莲花，溅起的水雾飘飘洒洒，有时高达近百米。更有震耳欲聋的水声，为大瀑布壮威。据说在30千米外，瀑布的巨响声还清晰可闻。

消逝的瀑布

　　长期以来，塞特凯达斯瀑布一直是巴西和阿根廷人民的骄傲。世界各地的观光者纷至沓来，在这从天而降的巨大水帘面前，置身于细细的水雾中，感受着这世外桃源的情新空气。游客们常常为此陶醉不已，流连忘返。但这雄奇的景观，竟然不辞而别。

　　20世纪80年代初，在瀑布上游建立起一座世界上最大的水电站——伊泰普水电站。水电站高高的拦河大坝截住了大量的河水，使塞特凯达斯大瀑布的水源大减。而且，周围国家的许多工厂用水毫无节制，浪费了大量的水资源，同时沿河两岸的森林被乱砍滥伐，水土大量流失，大瀑布水量逐年减少。

几年过去，塞特凯达斯大瀑布已经逐渐枯竭，即使是在汛期，也见不到昔日的雄奇气势。它在群山之中无奈地垂下了头。像生命垂危的老人一般，面容枯槁，奄奄一息，等待着最后的消亡。许多慕名而来的游人，见此情景，无不惆怅满怀，失望而去。科学家们预测，过不了多久，瀑布将完全消失。

保护生态，人人有责

听到瀑布即将消逝的消息，许许多多的人感到震惊和痛心。这个曾经令多少人为之骄傲的塞特凯达斯大瀑布，即将永远消失。这个事实，令人们震惊，同时也唤起了人们保护环境的责任心。他们痛苦地接受了现实，纷纷加入到全世界宣传"保护环

境，爱护地球"的行动中。

1986年8月下旬，来自世界各地的几十名生态学、环境学的专家教授，以及大批热爱大自然的人在大瀑布脚下汇集。他们模仿当地印第安人为他们的酋长举行葬礼的仪式，一起哀悼即将消失的大瀑布。这个行动立即引起了更大的震动。

9月下旬，巴西当时的总统菲格雷特也亲自投身到这一行动中。菲格雷特总统用饱含深情的语调，回忆了塞特凯达斯大瀑布曾经给巴西和世界人民带来的骄傲与欢乐，号召人们立即行动起来，注意保护生态平衡，爱护我们生存的地球，使大瀑布的悲剧不再重演！

延 伸 阅 读

　　巴拉那河干支流流经南美洲巴西、玻利维亚、巴拉圭、乌拉圭和阿根廷等五个国家，是南美洲第二大河，风景宜人，始于源流格兰德河和巴拉那伊巴河交汇处，向西南流，经巴西中南部至瓜伊拉，而后穿行于巴西与巴拉圭之间，过科连特斯进入阿根廷，先往西南再往东南流与乌拉圭河汇合后称拉普拉塔河，最后注入大西洋。

古斯佛瀑布

瀑布小档案

所在国家：冰岛

瀑布宽度：2500米

瀑布落差：70米

所在大洲：欧洲

古斯佛瀑布又称"黄金瀑布"，位于冰岛首都雷克雅未克以

东125千米处，宽2500米，高70米，为冰岛最大的断层峡谷瀑布，塔河在这里形成上、下两道瀑布，下方河道变窄成激流。

美丽的金子瀑布

古斯佛瀑布在哥吉尔喷泉北面十千米处，是冰岛人最喜爱的瀑布，也是欧洲著名的瀑布之一。

倾泻而下的瀑布溅出的水珠弥漫在天空，天气晴朗时，在阳光照射下形成道道亮艳的彩虹，仿佛整个瀑布是用金子锻造成的，景象瑰丽无比，令游客流连忘返。

1975年农庄主人将它送给冰岛政府作为自然保留区。现在这里方圆700千米内，有鬼斧神工的国会断层、碧草如茵蓝天白云倒

影的国会湖、烟雾缭绕直冲云霄的间歇喷泉区等，是冰岛风景最迷人的精华区。

冬季特色

在离瀑布很远的地方就隐隐能听到水声，等走到高坡的尽头，就发现原来自己站在悬崖边上。那奔流的瀑布，呈梯级分布，没有很高的落差，最高只有11米，但它有几十米宽。水声轰鸣，峡谷上笼罩着一层薄薄的水雾。因为是冬天，我们看到了连冰岛人也少见的景色。

往下游倾泻的瀑布两侧，冻成了晶莹透亮的淡蓝色冰柱，恰似一幅幅天然玉雕。由于那冰柱是在流动中形成的，极富动感，

层次鲜明。

冬天的古斯佛瀑布，虽然没有满目的绿意做伴，没有耀眼的阳光映衬，没有成群的飞鸟点缀，少了一份夏日的张狂，但在茫茫白雪中，它显得温存含蓄，充分流露了瀑布温情的一面。

冰岛代表性景点

冰岛著名"黄金旅游圈"包括：花房镇、火山口、盖锡尔间歇喷泉、黄金大瀑布、议会国家旧址，全部是冰岛闻名于世界的天然景观，前来冰岛观光的必游之地。

古议会旧址是冰岛历史上最负盛名的圣地，是国家的摇篮，也是西方国家政治发源地之一。冰岛议会建于公元930年，是世界上最古老的并存至今的国会。位于辛威里尔平原上的议会旧址，离首都雷克亚未克约40千米。

延 伸 阅 读

从议会旧址往东走，冰岛南方平原最西北边，可看到世界著名的自然间歇喷泉区Lava（岩浆）和Gacia（间歇喷泉），这两个词都直接来自冰岛文，可见间歇喷泉和岩浆是冰岛的特色。再往外，又是一圈青翠的绿草。那地下的热能使绿草在恶劣的冬天也能生存。皑皑白雪中镶嵌着青翠的绿草地，是冰岛又一奇观。

莱茵瀑布

瀑布小档案

所在国家：德国与瑞士的边境

瀑布宽度：150米

瀑布落差：23米

所在大洲：欧洲

莱茵河瀑布是欧洲最大的瀑布，在德国与瑞士的边境，位于瑞士沙夫豪森州和苏黎世州交界处的莱茵河上。莱茵瀑布宽150米，虽然落差只有23米，但每秒流量达700立方米，游人都会被其宽阔与气势所震撼。

旅游观光胜地

号称欧洲最大瀑布的莱茵瀑布和中国的黄果树瀑布相比虽然算不上雄伟壮观，但是，既然能被称之为欧洲第一瀑布，就一定有它值得欣赏的地方。在水量尤其多的5月~6月的融雪期，更是气势恢宏。

诗人歌德曾为其魅力深深感动，前后四次来到莱茵瀑布。在瀑布下游有渡船往返于两岸之间，也有游船可将游客送到瀑布中央的小岛上观赏瀑布壶口的景色。莱茵瀑布已有1万多年历史。2万年前尚无瀑布，后因冰川活动和莱茵河改道，形成了现在的景象。

莱茵河美景

莱茵，在很早以前居住在这里的克尔特人的语言中，意思是清澈明亮。莱茵河清澈的河水，壮观秀丽的景色，名胜古迹的众多，使人流连忘返。

古往今来，美丽的莱茵河使多少作家、诗人、音乐家和艺术家为之倾倒。它是目前世界内河航运最发达的国际河流。夏季来这里时，第一个迎接你的便是这带有浓郁花香的槐树，正值槐花盛开的季节，这种花香给人一种故乡的亲切。轰隆的水声已经可

以听到，通过入口处站在山顶上眺望，只见河中央兀立着两座几十米高的巨大岩石，犹如两座大门拱卫着大瀑布，汹涌的河水在这里穿过礁石直泻而下。

莱茵河自古以来就是西欧南来北往的通行大道。尽管后来出现了各种现代化运输方式，但它仍然是一条极其繁忙的交通大动脉，而且运输量日益增长。近年来货运量已远远超过世界其他河流，高居首位。

值得欣赏的瀑布

人们在欣赏莱茵瀑布时，可以真正的融入自然，享受自然，

这种感觉就像你在欣赏一件自己创作的艺术品。沿着山路自上而下建有不少观光平台，以便游客能从不同的角度饱览壮丽的美景，有些平台距瀑布仅咫尺之遥，站在上面能感受到磅礴的水汽扑面而来，千万股水流幻化成一条银白色的绸缎在面前飞泻而下，而巨大的轰鸣声似乎要淹没周围的一切，不禁让人叹服造物主的鬼斧神工。

山路的尽头是一个游船的码头，游客们可以从这里登船，或泛舟河上，或直接摆渡到对岸。在莱茵河瀑布周围，四处都是可以围绕莱茵河徒步旅行的小路，如果有兴趣，还可以顺着莱茵河欣赏沿途的美景。

优越的自然条件

莱茵河之所以能成为世界航运最发达的国际河流，除了它流经西欧最重要的工商业地区之外，主要由于流域内降雨丰沛，水量充足。莱茵河各河段高水位出现的时期不同，使河流水位比较稳定。

莱茵河上游在阿尔卑斯山区，高山冰雪融水夏季最大，所以

夏季水位最高，莱茵河中游汇集支流最多，右岸来自黑林山区的内卡河、美因河等，春季融雪时水量最大，而来自法国境内的摩泽尔河高水位在冬季。莱茵河下游一年四季降水均匀，冬季雨量略高于夏季。

这样，莱茵河水量在各个季节，都有水源补充，形成水量全年丰盛，水位变化不大，为航运提供了极为便利的条件。

另外，莱茵河通航里程也长，可占其全长的66%。上游穿行于山地高原之间，地形崎岖，坡陡谷深，水流湍急，瀑布众多，河水主要靠山地冰川和积雪补给，春夏冰融雪化，水量增加，6月~7月份水量达到最高峰。奔腾的河水，蕴藏着丰富的水力资源，干支流上已建成许多水电站。

延 伸 阅 读

传说几百年前，莱茵河的女儿美女河妖罗蕾莱住在莱茵河的一块大石头上，有一个过路的王子爱上了她，在全船人落水的情况下，独自一人爬上了巨石，但受了惊吓的罗蕾莱跳入河中不见了。悲伤的王子从此不思茶饭。国王于是下令杀死罗蕾莱。罗蕾莱在莱茵父亲的帮助下回到了潮水中。忧郁的王子终身未娶。

黄石峡瀑布

瀑布小档案

所在国家：美国

瀑布落差：94米

所在大洲：北美洲

黄石峡瀑布位于美国西北部怀俄明、蒙大拿和爱达荷三州交界处的黄石国家公园内。瀑布落差为94米，比尼亚加拉瀑布高一倍。

黄石峡谷藏瀑布

黄石峡谷（Canyon）深不过二三百米，山势也算不上险峻，但峡谷两岸峡壁色彩斑斓，很是养眼。黄石河流到黄石峡谷，在不到一千米的距离内连跌多次，形成了多个瀑布，有上瀑布、下瀑布、高塔瀑布、火洞瀑布、彩虹瀑布等，其中最著名的是下瀑布，落差94米，比尼亚加拉瀑布高一倍。

黄石河

黄石国家公园内的另一景观是黄石河，它由黄石峡谷汹涌而出，贯穿整个黄石公园到达蒙大拿州境内。黄石河将山脉切穿而创造了神奇的黄石大峡谷。在阳光下，两峡壁的颜色从橙黄过渡到橘红，仿佛是两条曲折的彩带。由于公园地势高，黄石河及其支流深深地切入峡谷，形成许多激瀑布，蔚为壮观。

延 伸 阅 读

黄石国家公园，简称黄石公园，是世界第一座国家公园，成立于1872年。黄石公园位于美国中西部怀俄明州的西北角，并向西北方向延伸到爱达荷州和蒙大拿州，面积达8956平方千米。公园依赖黄石河而闻名，黄石河流经的黄石峡谷，纵贯公园北部。这里地势虽高，但水源充沛。1978年被列为世界自然遗产。

圣安妮瀑布

瀑布小档案

所在国家：加拿大

瀑布落差：75米

所在大洲：南美洲

圣安妮瀑布位于加拿大东部最大的省魁北克。圣安妮瀑布落差达75米。峡谷峭壁间，瀑布咆哮着从高处倾泻而下，气势磅礴，汹涌澎湃，显得青山翠谷，白雾缭绕。

峡谷中的飞梭

峡谷中的圣安妮瀑布像典型的三叠泉，依着山势蜿蜒而下，到途中转一个弯，形成积潭，然后再飞坠直下。瀑布有70多米的落差，咆哮着从高处倾泻而下，气势磅礴、汹涌澎湃，激烈的水流拍打着岩岸，激起千层水雾，眼前一片苍茫。三座横空架设的吊桥方便游人上下求索，在不同层次高度领略山间飞瀑的奇景。

圣安妮大峡谷

在魁北克市郊东边约40千米的圣安妮山，有一个圣安妮大峡谷，圣安妮峡谷是一处景色秀丽，环境优美的瀑布峡谷，是大自然的鬼斧神工之作。在那里，75米高的圣安妮瀑布奔腾咆哮着

从高处倾泻而下，气势磅礴、汹涌澎湃的瀑布水猛烈地拍打着岩岸，激起千层水雾，雾霭缭绕。这使对面高处观景台上的游客恰似从天上飘来的仙客。在谷底，有一片直径15米的锅形深池。在距离谷底55米、以麦克尼科兄弟命名的吊桥上，游客可以直面圣安妮瀑布奔腾不息的奇观。每年约有10万游客来此览胜。峡谷上有一条铁索，真的勇士可以尝试从一头滑到另一头。

延 伸 阅 读

麦斯塔奇堡悬索桥位于圣安妮峡谷顶端的这座桥的名字由原住民形容北圣安妮河"那拥有许多急湍"而来，桥长63米，高6.5米，站在桥上向下俯瞰，但见两岸山石耸立，瀑布从中曲折而下，汇成河流，渐行渐宽，渐行渐缓。这座桥的周围有数个由巨石建成的观景平台，让人们可以近距离欣赏瀑布。